U0073388
大師如何設計
瑞昇文化
讓陽光&空氣自然流暢
好住宅

名作精選！滿足5大訴求
獨立章節說明 空間規劃知識

CONTENTS

[PART 4]

[PART 5]

大師如何設計

讓陽光 & 空氣自然流暢好住宅

[PART 1]

[PART 2]

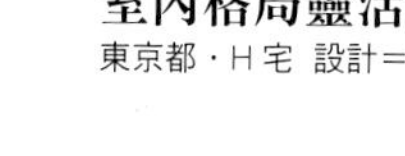

[PART 3]

03 Planning Ideas

高橋宅 設計＝廣部剛司／
廣部剛司建築研究所

露台的一體感將室內室外的界限融為一體有開闊感的家

04 Planning Ideas

S宅 設計＝彥根明／
彥根建築設計事務所

透過庭院的包圍外部的保護及內部的開放兼顧安心及開放感的家

與外的室內格局

如果想要一棟比任何地方都還要舒適，還要棒的「我的家」
不把房間的用途仔細區分，從內部往外面平穩地連結在一起
「有開闊感」的空間配置將被重視。透過光與風的引導，生活在綠景當中。
在自然的空間與家人的互動，每天都能活出豐富的色彩。
首先，先找出自家當中空間配置的秘訣
與建築師一起探訪四間各自完成夢想的住宅。
在這當中將會充滿許多使生活空間變得更舒適，
讓人意想不到的點子以及秘訣。

透過空間配置的巧思打造最棒的「我的家」

構成・文＝松井繪理（P006-011、018-029）
宮崎博子（P012-017）
攝影＝黑住直臣（P006-011、018-029）、
多田昌弘（P012-017）
建築師的連絡方式請參照P166-167

01 Planning Ideas

H宅 設計＝柏木學＋柏木穗波／Kashiwagi Sui Associates
（カシワギ・スイ・アソシエイツ）

透過兩樓層的挑高部分以及加大的開口部得到寬敞且明亮的家

02 Planning Ideas

K宅 設計＝村田淳／村田淳建築研究所

連地下空間都能享受庭院美景以及自然陽光錯層式的住宅

[PART 1]

聯繫住宅的內 有著「開闊感」

2樓的客廳與左下的餐廳及房間上部挑高連結，使內部通往庭院的空間兼具寬廣且開放。櫥櫃家具是住在新加坡的時候購入的。從上面眺望庭院的景觀又是一種不一樣的感受。

有「開闊感」且舒適的室內格局

01 Planning Ideas

神奈川縣・H宅

設計＝柏木 學＋柏木穗波／Kashiwagi Sui Associates

家庭成員：夫婦＋子女3人

地坪面積：147.22 ㎡（約45坪）

建築面積：123.87 ㎡（約38坪）

透過兩樓層的挑高部分以及加大的開口部得到寬敞且明亮的家

核桃木製成的餐桌長度足足有兩公尺。窗邊有設置一具內建的長椅。女主人表示「很多客人來訪時，都可以有位置坐下，真的是很方便」。

站在1樓的廚房通過餐廳向庭院眺望出去。長時間下苦心的綠景，給人在生活當中適當地滋潤。如果在意觀光客在外面往來的視線可以拉上格子門。

所有空間都充滿日照的幸福感
今天也能以愉快的心情渡過一整天

透過1樓的挑高使視線遍及三個樓層高，品味空間內部以及外部開放的感覺。左上為客廳，右上為工作室。即使上下層分離也能體會處於同一空間生活的感覺。

餐廳內部的空間是為將來作為兒童房的預備空間。廚房內部的位置是衛浴區。混和各種顏色的木質素材呈現出了建築師卓越的格調。

「好像咖啡廳一樣」「真能叫人放鬆」訪客的感想讓人非常高興

活用縱向延伸具有開放性的家

男主人故鄉的建地在位處於歷史上著名的觀光景點，在保護古老的庭院之下建造H宅來。由於住宅蓋在一年四季濕度都很高的區域當中，H夫婦兩人希望住宅能夠既明亮又能兼具開放性。但是因為觀光景點的因素，造成南側道路往來的觀光客源源不絕。為了避開路人視線，將客廳配置於二樓較佳，但是又考慮到孩子們在庭院玩耍應配置在一樓，如此下來使整個思考動搖了。建築師柏木學與夥伴柏木穗波經過討論之後，意外提出了打造三層樓住宅的意見，之後同時實現了兩個完全相反的要素。

H宅最大魅力之一的就是三層樓建築當中活用了挑高的空間。而這不單只是單純的煙囪狀的空間，更是精華的所在。餐廳、廚房以及客廳分別設置在一樓及二樓，而這兩層樓都有各自挑高的空間。透過一樓不分離而連續的空間營造出了多樣的距離感以及開放性。隨著在屋內移動而轉變的室內景觀，產生了補足建築面積狹小之處的效果。女主人表示「即使客廳以及餐廳被分成上下不同的地方，但是卻讓人有身處於同一房間的感覺。除了可以進行交談之外也能在做家事的時候確認家人的生活動態」。

位處南側而集中設計的開口處，同時將庭院的景色與自然光捕捉到室內，正好實現男主人H先生對於開放感及明亮度的需求。位於土間設置的格子門，用於遮蔽來自路人的視線而給予全家人安心感。在晚餐結束之前，一整天大多時間都在一樓的餐廳活動，晚上則是移動到隱私程度比較高的二樓客廳。透過如此享受天倫之樂，使整個家族更加地親近了。

與男主人H先生期望相符合的建築師柏木特有的格調，將夫婦倆住在新加坡時所購買的亞洲摩登風格家具作絕妙搭配。灰色當中交錯著異色的木質紋路，沒能預測到完工之後情況的女主人也相當地滿意。男主人高興的表示「真的是有請專人設計的價值了」。

從玄關可以一眼望穿到廚房。由玄關迷你的空間看去，餐廳・廚房的大空間展開，帶有戲劇性的魅力。

從2樓的客廳往3樓的位置仰望的景象。照片前面看到的房間是主臥室，上下連結的客廳有迴廊的氣氛，往各方位的視野相當開闊。

1 從3樓的主臥室透過固定的玻璃窗通過客廳上部往庭院方向看過去的景象。窗外的縱格窗緩和了午後陽光的照射，玻璃窗則提供強風時的遮蔽。 **2** 位處2樓的浴室，因面臨主屋的西側不設置大型開口，南側的寢室與交界處配置玻璃窗。

01 Planning Ideas

有「開闊感」且舒適的室內格局

兼顧通路的工作室有全家共用的書桌以及書櫃。在擁有距離感的工作室往寬廣的客廳望過去反倒能體驗身處小空間的舒適感。

組合室內挑高呈現立體感

利用移動空間成為家庭共用的工作室

面向挑高2樓的迴廊部分設置書桌以及收納即成為工作室。可供作為電腦工作以及子女讀書等多方面的使用。因為兼顧開放感的關係讓人感到格外安心。

可以將室內一覽無遺的獨立式廚房，是媽媽專屬的管制塔

廚房的位置可以把握樓上的狀態並且進行家事。在相當講究的不鏽鋼製系統廚具中，為了能和子女一起烹飪採用了平型的流理台。

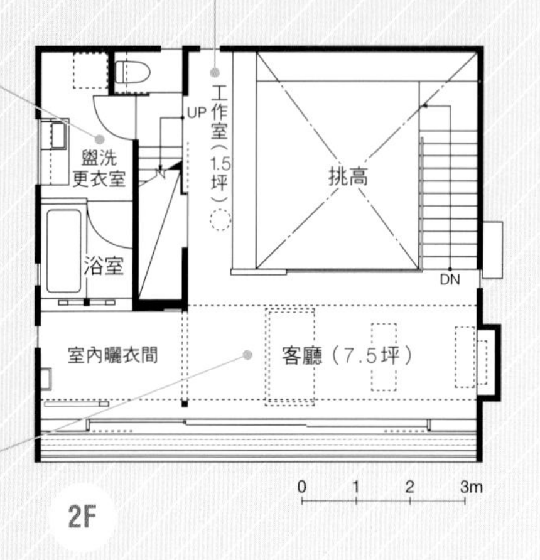

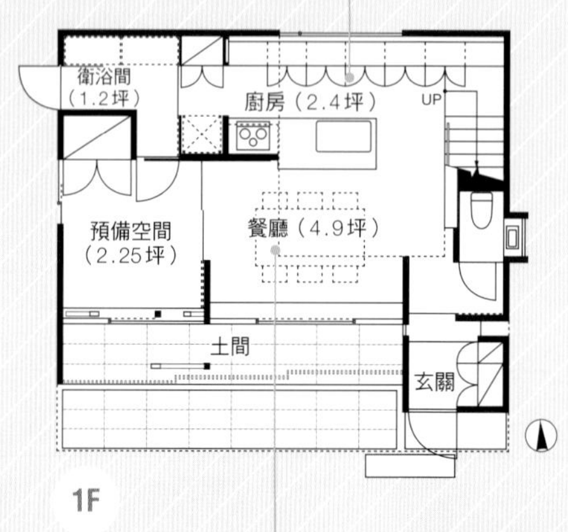

2樓空間配置重點

最重要的客廳利用上下樓層的空間整合在一起

2樓扮演了聯繫上下兩個樓層的重要角色。位於餐廳上面的挑高空間設置了客廳。客廳也以兩樓高的挑高設計與3樓保持連續感。客廳的最裡處是室內的曬衣場，而工作室則是設置於盥洗更衣室以及樓梯的動線之中，將空間有效地活用。

1樓空間配置的重點

透過格子門以及土間阻隔從外而內的視線打造出令人安心的空間

1樓的部分，考慮到得在觀光客往來頻繁的前面道路保障私人隱私。在露台以及室內房間之間的土間裝上可以開關的格子門，除了可以阻隔路人的視線之外也能看到庭院的景色。土間也能作為放置男主人興趣的自行車的空間。在開放廚房的內部除了衛浴空間外也準備了將來做為兒童房使用的預備空間。

來了很多客人也能應對自如的餐廳

靠近玄關的餐廳，也是招待客人的空間。窗邊做了固定式板凳，放上長2m的桌子要招待很多人是沒問題。關上格子門的話，有種從外面被保護的感覺。上鎖的話，就像裝了紗窗似的可以安心地過日子。

攝影＝上田 宏

DATA

所在地：神奈川縣
家庭成員：夫婦＋子女3人
構造規模：木造，地上3樓
地坪面積：147.22㎡
建築面積：123.87㎡
1樓面積：44.01㎡
2樓面積：42.60㎡
3樓面積：37.26㎡
土地使用分區：第一種中高層住宅專用地區、景觀地區、埋藏文化財保存地區。
建蔽率：60%
容積率：150%
設計期間：2007年4月～2008年9月
施工期間：2008年9月～2009年3月
施工單位：KIKUSHIMA（キワミマ）
整合單位：PROTO HOUSE（プロトハウス）

FINISHES

●外部裝修
屋頂：鍍鋁鋅鋼板
外牆：彈性樹脂、部分張貼杉木板

●內部裝修
玄關／
地板：墨水砂漿
牆壁、天花板：壁紙
大廳、餐廳、廚房／
地板：磁磚
牆壁：壁紙、部分為不可燃化妝板
天花板：壁紙
客廳、工作室／
地板：蒲櫻木地板
牆壁、天花板：壁紙
盥洗室、更衣間／
地板：蒲櫻木地板
牆壁、天花板：壁紙
浴室／
地板：磁磚
牆壁：磁磚
天花板：矽酸鈣板VP塗裝
兒童房、主臥室／
地板：藤木地板
牆壁、天花板：壁紙

●主要設備製造廠商
廚房設備：TOYO KITCHEN
廚房機器：Hertz
衛浴設備：TOTO、J-TOP、RELIENCE、大洋金物
照明器具：PANASNOIC、遠藤照明、MAXRAY

ARCHITECT

柏木 學＋柏木 穗波／Kashiwagi Sui Associates

有「開闊感」且舒適的室內格局

Planning Ideas 01

3樓空間配置的重點

重視家庭間的互動 兒童房間縮小化 主臥室更寬敞

3樓南側作為2樓挑高的空間，北側則配置家人的個人房。光線會從客廳的開口部間接進入。為了讓個人房有足夠的空間，將兩間兒童房的面積限制到最小的程度。剩餘的空間則是分配主臥室以及更衣室。兒童房則採用能夠正反兩側都能分配做使用的衣櫥，透過這類的巧思，即使在小空間當中也可以做有效率地使用。

Sanitary

保護個人隱私的2樓浴室周邊

盥洗更衣室與浴室配置於與3樓房間連結良好的2樓角落。縮小室外的開口部以保護隱私，南面為了經由隔壁房間使光線進入而架設玻璃窗。

Child's room

使用繽紛的色彩兒童房更顯歡樂

兒童房面積最小化。右側內部的衣櫥是可以同時供給兩間房間使用的雙面式衣櫥。窗簾選用與衣櫥顏色搭配的黃色。使用各種色彩繽紛的布料讓房間呈現快樂的氣氛。

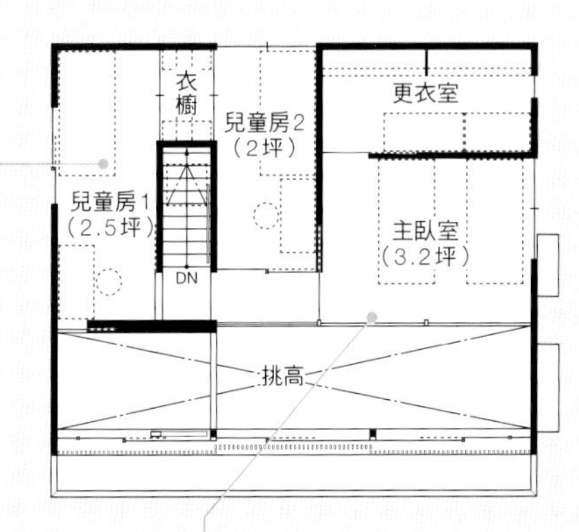

3F

剖面圖的重點

上下維持錯開 形成連續而一體的單一空間

1樓的廚房以及餐廳與2樓的客廳分別採用了兩層樓高的挑高設計。透過這兩個挑高設計錯開連結而產生距離感以及寬敞的印象。玄關門廳及3樓房間的天花板的降低能有效抑制建築物整體的高度，也能強調高低不同的空間對比。2、3樓的大開口引導進來的光線，可以直接傳導至1樓北側的內部。

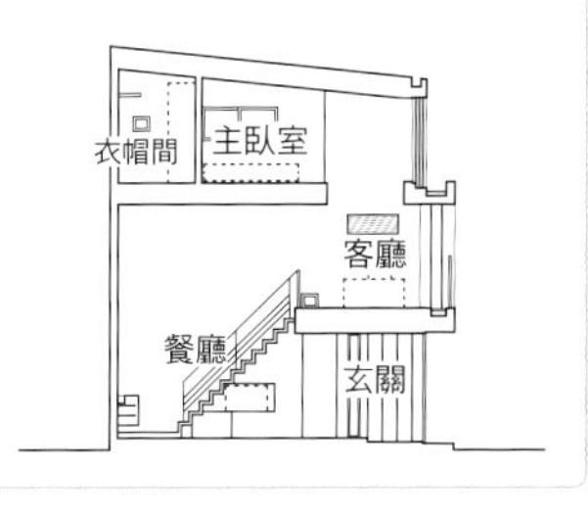

Bedroom

大型玻璃面形成既開放又光亮的主臥室

主臥室挑高處設置固定玻璃面，藉由客廳的採光並且看起來更寬廣。開口第三層則設有可以阻擋下午強烈太陽光的百葉窗。透過大型衣帽間而使房間內保持簡潔而不雜亂。

1樓與2樓之間連結的客廳是個人風格強烈的地方

因為2樓比1樓更具隱私感，所以不需要在意外部的視線而更能使人放鬆生活。照片正面內部與浴室連結的地方，是設計於活用晴天日照強烈時的室內曬衣間。

Living room

3個樓層互相半層交錯
光與空氣交互往來

從位於半地下的客廳至上層的餐廳、廚房，到地下層的工作室以及和式的照片。從1樓到地下室構成了立體而一體化的空間，能充分地感受到庭院的開放感。

連地下空間都能享受庭院美景以及自然陽光錯層式的住宅

從玄關大廳往餐廳以及廚房方向望過去的景象。餐廳室外則設置了木製的露天平台。照片前端與扶手一體化的長椅在訪客多的時候很便利。

利用經由建築容積率緩和下來的地下空間，透過挖深客廳地板來創造出天花板較高的開闊感。透過固定式的大窗戶，可以欣賞庭院美景。

02

Planning Ideas

有「開闊感」且舒適的室內格局

東京都・K宅

設計＝村田淳／村田淳建築研究室

家庭成員：夫婦＋子女2人

地坪面積：140.01㎡（約42坪）

建築面積：141.71㎡（約43坪）

在沙發上就能欣賞庭院美景
感覺非常地舒服

有「開闊感」且舒適的室內格局

02 Planning Ideas

餐廳到客廳之間透過小樓梯的連結讓進出更自然。透過半透明拉門分隔的地下室工作室。女主人表示「工作室可以擺放像是還沒完成的針線活，相當地便利」。

1 木製的露天平台作為與餐廳一體化的戶外休閒區使用。女主人說「因為設置了籬笆，使家庭可以不用在意路人的視線，盡情享受庭院的生活」 **2** 站在玄關大廳的地方，庭院的綠景馬上就能映入眼簾。

以品茶為興趣的女主人專用的和室。雖說是地下空間，但是隨著季節變化，陽光直射的時間間隔等因素，舒適性滿點。拉上門後也能應對訪客留宿的需求。

比起內部的裝飾，更追求室內與外部的連結

十年前左右就開始盤算著要蓋一棟新家的男主人K先生，女主人在這段時間當中，將各種要在新家加入的要素一一記下筆記來。對於選擇能將長年的夢想達成的設計師，則是透過經紀公司來介紹適合的人選。「身為建築師的村田淳認為：『比起在內部的各種裝飾，與室外的連結更為重要』。這種想法並不是炫耀設計的奇特之處，而是以生活的人為中心來思考而產生的設計」

受惠於當地的關係加上中意環境的閑靜而購入的土地是比期望還要少的40坪大小。因為位處於建蔽率及容積率要求嚴格的地區，為了確保住宅環境的寬闊利用地下空間為前提來做整體的計劃。

從玄關剛踏入室內的時候，馬上被柔和的大空間所迎接。從地上一樓的餐廳至從地板高度降低約1公尺左右的客廳。不管是哪一邊，都可以從面對東側的大窗戶觀賞到庭院豐富的綠景。而透過反射的光線，室內的明亮度也令人感到十分滿意。從客廳再往下半個樓層，是因應家人的興趣以及學習用的工作室以及女主人專用的茶室。即使是完全的地下空間，透過客廳使自然光能傳導進來，完全不會給人潮濕陰暗的印象。透過在客廳設置小樓梯而成的立體來回動線，讓地下室也成為能夠輕鬆移動的場所。

擔當設計的村田淳表示「為了創造住宅的舒適性，對於隱私的保護是很重要的」。庭院周圍設置木製籬笆，並且嚴密地針對窗戶大小來設計。女主人對於舒適度及隱私的設計，實際體會之後而認為「因為不用在意鄰居的視線，可以讓人自在地放鬆心情，感覺相當舒服」

男主人一家人喜好一同用餐，經常邀請訪客一同熱鬧地聚餐。所以在庭院種植可食用的莓果、香草並且充實了廚房的設備。妻子說「當招待客人的時候一樓以及地下室的空間全部都能做使用。是個多功能的快樂家園。朋友們都稱讚說感覺相當地舒適」將長年夢想實現的充實感傳達了出來。

從客廳起至地下樓層與1樓，與兩方的空間連結感相當緊密，透過與天花板高度的組合體驗到數倍的寬廣。左上角為玄關大廳。

女主人：「我們家以飲食為中心」，最講究的就是廚房。為了避免在洗碗盤的時候產生孤寂感，水槽的方向設計朝向庭院。

直往地下樓層的寬闊感
透過地板的高低差創造開闊的感覺

與庭院相鄰而能隨時親近的用餐空間

從餐廳可以直接移動到室外的露天平台，是距離庭院最近的地方。將門全部打開的話，露天平台可以作為餐廳的延長來使用。像照片中是男主人期待夏天能靠著窗簾來營造出涼爽的感覺。

Dining room

Kitchen

追求設備以及收納功能讓人滿意的廚房

在連身為男主人都能享受烹飪樂趣的K宅，立刻採用了由GAGENAU公司出品兼具IH爐、瓦斯爐、烘烤爐的三合一爐具。不浪費空間並且使用方便的拉式收納櫃，針對家電的收納等方面下了不少工夫。

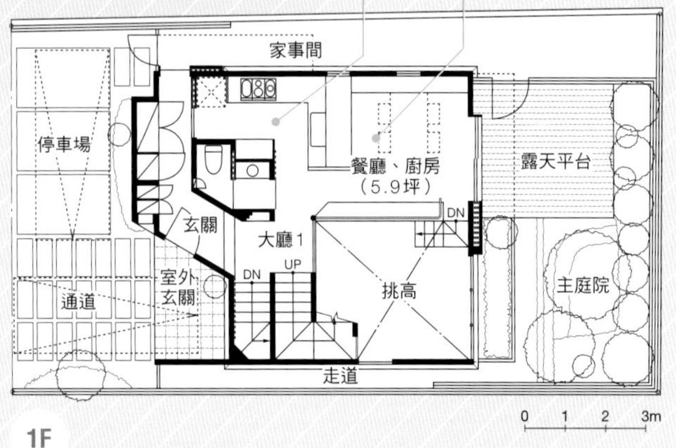

剖面圖的重點

透過地下空間的利用創造必要的容積並且實現了地下的舒適性

以遵守建築法規為前提，確保房間的數量以及寬敞度，活用了可以將建築物容積率緩和的地下空間。客廳透過設計在半地下空間，提升了天花板的高度。為了讓位處地下樓層家人共有的工作室以及和室避免陰暗以及封閉感覺，透過地下與客廳連結處的開放來引導自然光。客廳的地板下是利用段差設計而成的大型收納空間。專門用來整理戶外運動等較笨重的器具。

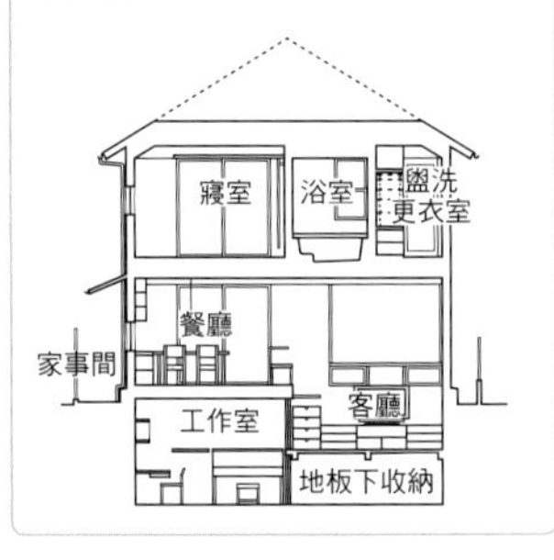

往上仰望室外的庭院並且不受周圍的影響安心生活

從半地下的客廳可以往上看到地上室外庭院的綠景，與從1樓視野不同，使人感到格外新鮮。1樓以及地下樓層都是家人共同活動區域，達到了使上下樓層連接的目的。

Living room

2樓空間配置的重點

以方型屋頂為中心重視個人房的獨立性左右對稱的設計

2樓以樓梯間為中心，房間以左右對稱的方式構成。為了2個女兒，將她們的房間對稱排列。主臥室附屬的衣櫥上部，則作為小型閣樓來收納各式物品。盥洗・更衣室設置於南側並透過大型窗戶使採光更充足。窗戶外面設置了曬棉被用的竿子。露台可以直接移動出去，對於曬衣物來說相當便利。

1樓、地下室空間配置的重點

透過錯層設計形成連續空間使地下更舒適

1樓以及地下室之間透過半地下式的客廳連結，地下室與客廳之間設置大型開口。而為了避免訪客注意到工作室還沒有完成的針線活，特別在大型開口上加裝半透明的拉門。除了正式的樓梯以外也在餐廳以及客廳之間增設了小型的階梯，使進出更順暢，也提升了地下室的使用感。

DATA

所在地：東京都
家庭成員：夫婦＋子女2人
構造規模：RC鋼筋造＋木造 地下1樓＋地上2樓
地坪面積：140.01㎡
建築面積：141.71㎡
地下室面積：39.96㎡
1樓面積：49.38㎡
2樓面積：52.37㎡
土地使用分區：第一種低層住宅專用地區
建蔽率：40%
容積率：80%
設計期間：2007年3月～2008年5月
施工期間：2008年6月～2009年1月
施工單位：幹建設
整合單位：THE HOUSE（ザ・ハウス）
施工費用：4,585萬日圓
（扣除植栽以及擺設家具之後的施工費用，稅另計）

FINISHES

●外部裝修
屋頂：鍍鋁鋅鋼板
外牆：MAGIC COAT工程
●內部裝修
玄關／
地板：磁磚
牆壁、天花板：珪藻土
工作室、客廳、餐廳／
地板：橡木地板
牆壁、天花板： 珪藻土
廚房／
地板：橡木地板
牆壁： 磁磚、珪藻土
天花板： 珪藻土
和室／
地板：榻榻米
牆壁、天花板： 珪藻土
主臥室、兒童房1與2、盥洗・更衣室／
地板：橡木地板
牆壁、天花板：壁紙
●主要設備製造廠商
廚房設備：GAGGENAU、AEG、PANASONIC
衛浴設備：TOTO
照明器具：YAMAGIWA、MAXRAY、小泉照明、山田照明、遠藤照明、PANASNOIC

ARCHITECT

村田 淳／村田淳建築研究所

Child's room

設計於房間的書桌及棚架 具簡潔機能風格的兒童房

照片為長女用的個人房，設計雖然簡潔，但是書桌，衣櫥，棚架都是跟房間一起設計好的，富有機能性。

有「開闊感」且舒適的室內格局

02 Planning Ideas

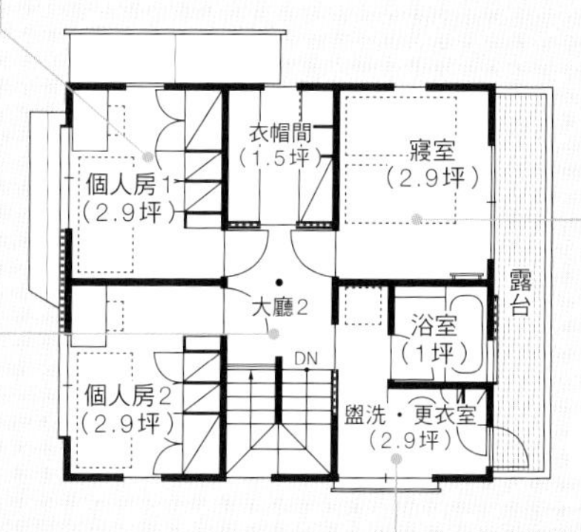

傾斜的天花板給人悠閒的印象 附有閣樓收納空間的主臥室

照片為主臥室。門的上部張貼玻璃的關係，可以讓樓梯間天窗的自然光照進來，此外房間也感到相當寬闊。衣櫥上部的閣樓由房間內的階梯連結。

Master bedroom

Hall

有如雨傘展開的天花板 具有上升感的樓梯間

與水平方向以及下方較寬廣的樓下空間相異，女主人表示「有種向上延伸的空間感」是2樓的特徵。中央以圓柱為中心，屋頂是以三角型區塊排列而成方型的天花板。

光線從南方透入 通風優良的盥洗室

女主人唯一的要求就是在南側設置了大型窗戶的盥洗室。白天的時候既明亮又清爽。照片右邊內側是洗衣機而前面有通往露台的出入口，使清洗到曬乾之間的動線最短化。

Sanitary

露台的一體感將室內室外的界限融為一體有開闊感的家

即使地坪面積小也不成問題將空間延伸的魔術

照片中樓梯分為三段，由高而低從客廳、餐廳及廚房與露台的景觀。右側一半的部份面向固定的玻璃，與露台成一體感。

面對客廳北側的庭院所種植的「金明孟宗竹」，黃金色的支幹穿插著綠色的條紋顯現其個性的姿態。「在下雪的日子裡產生夢幻的感覺」男主人回想道。

03 Planning Ideas

有「開闊感」且舒適的室內格局

東京都 · 高橋宅

設計＝廣部剛司／廣部剛司建築研究所

家庭成員：夫婦＋子女 2 人

地坪面積：95.66 ㎡（約 29 坪）

建築面積：162.52 ㎡（約 49 坪）

由客廳望向露台。紗窗往左側的方向拉可以整個打開。讓露台的空間成為寬敞的一部分，變得更具有開放感。

由盥洗室朝玄關的方向望。水泥的樓梯採用與主體構造一體成形的懸臂結構。左前方放置洗衣機，右前方有吊掛衣物的空間。

從餐廳到客廳感覺就像是從「土間」移動到「榻榻米房間」。右側是混入鋼筋的柱子在能保有視野的透視外也有作為承重牆的功能。

在被牆壁包圍的室內空間感到安心，也能盡情體驗像是烤肉之類的戶外活動，這是這個中庭的優點。打開南北側窗戶後，因為氣流的關係而吹入舒服的風。

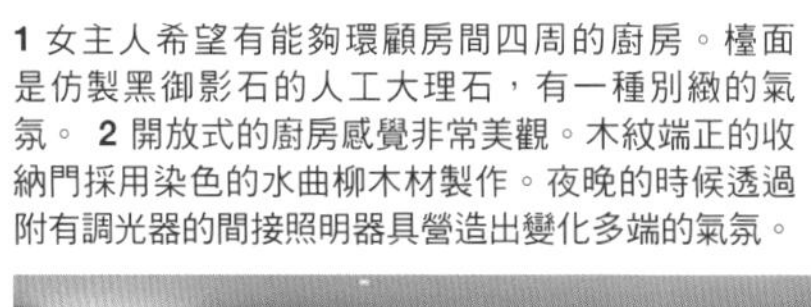

1 女主人希望有能夠環顧房間四周的廚房。檯面是仿製黑御影石的人工大理石，有一種別緻的氣氛。 **2** 開放式的廚房感覺非常美觀。木紋端正的收納門採用染色的水曲柳木材製作。夜晚的時候透過附有調光器的間接照明器具營造出變化多端的氣氛。

Planning Ideas 03

有「開闊感」且舒適的室內格局

透過兩個中庭 體會四季以及天候變化的家

參考了雜誌而對蓋房子有了想法的高橋太太，在購買了土地之後便注意到了某一位建築師。她說「在許多的建築師當中只有廣部剛司先生的設計讓我感到驚艷。活用素材打造出別緻的空間，與我們倆人的品味相符合」

與距離都心不遠處的地方有點不搭，在住宅建地南側是一片充滿植木用的松木林的悠閒景像。但是廣部認為「不知道甚麼時候這片林地有變成高樓的可能」而謹慎的考察了當地環境。然後選擇了不管在什麼環境之下都可以保障到隱私的中庭式住宅。但是由於建地位置比前面道路高出兩公尺左右的關係，在法律的住宅高度限制之下讓廣部傷透腦筋。在約30坪的建地之下要滿足所有的條件，看來以設計包含地下室的三層樓建築是必然的解決辦法。

先將地基挖出與路面同高確保車庫的空間，從一樓往下走幾階就是地下室的玄關。在這層樓所活用的段差效果會直接帶往上面的樓層，形成錯層式的設計。在位於主要生活空間的一樓，兩個中庭成為重點。被牆壁包圍的庭院不會被算入建蔽率之內，作為內部空間與外部的延長產生了寬闊感以及和緩的距離感。日本「土間」風格的客廳與露台之間鋪上磁磚。透過將窗扇全部開放，使內外空間融合在一起充滿了度假風情。就像是從「土間」移往「榻榻米房間」的感覺，客廳採用材質溫暖的橡木地板，營造出地面與自然更加貼近的風格。客廳面對的庭院是以小石及竹設計而成的和風陳設，有如在房間的開口處描繪出一幅風景畫般的效果。「內外部的關連透過增加庭院這個要素產生更柔和的層次感。在這樣自然守護的環境下生活著，帶給我們更深一層的感觸」（廣部）

女主人表示「期待著舒爽的風或是下雨下雪，在房間裡能同時感受到外面的變化」。「有這樣的庭院，五感會變得更敏銳也說不定」建築師廣部的感想，在高橋一家每天的日常生活中獲得了證實。

從2樓往1樓客廳向下看過去的景象。照片左側是面對階梯的兒童房，現在還暫不做空間切割以做廣泛的使用。從樓梯上部的北側窗戶可以清楚看到庭院所種植的竹子。

冷靜的現代感與溫暖完美的融合在一起

客廳一樣有「在房間內」放鬆的安心感，採用胡桃木鋪設而成的地板。庭院與室內保持距離提供可以觀賞用的風景。

透過兩個
性格不同的中庭
看起來變得更寬廣

Living room

悠然自得 能陪伴家人的 舒適客廳

充滿舒適感的客廳，在孩子還小的現在，可以不放置沙發之類的大型家具而寬廣地利用。客廳內部的樓梯使家人間的交流更加圓滑。種植竹子的庭院和現代感十足的空間相當搭配。

Study

透過乾燥區 即使是地下室 生活也能很舒適

男主人希望的工作室位於地下室。透過設置乾燥空間使得地下室變得更明亮，居住性更加地舒適。因為工作關係，牆壁上收藏大量書籍。因為房間的獨立性很高，很能讓人集中精神。

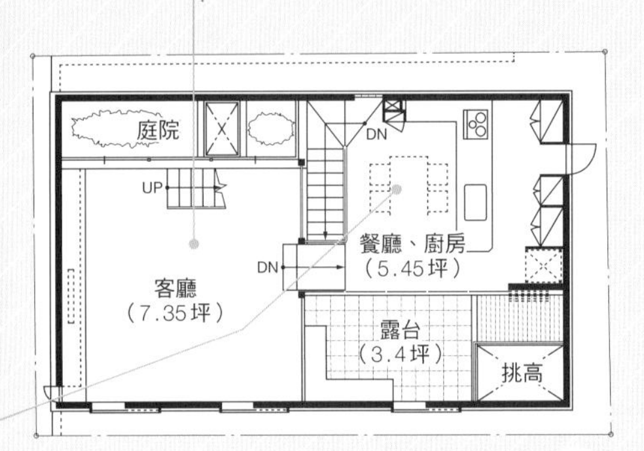

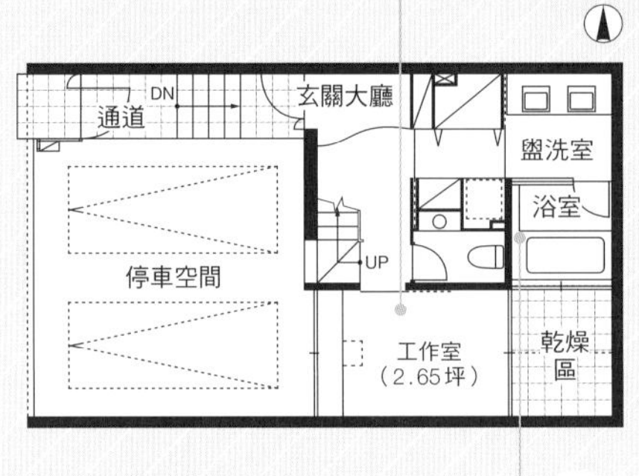

1樓空間配置的重點

地板素材 及地板高度的改變 在一個空間中表現出不同的變化

地板張貼磁磚，土間風格的餐廳和木質地板的和室風格客廳之間有數階的段差，生活風格迥異卻又合適。由餐廳延伸出去的露台所使用的窗框，全部都採用能往裡面收的類型以強調空間的連結感。與從遠處眺望的庭院相異，空間產生多樣化的印象。開放的廚房使身兼工作以及育兒的妻子在做家事時更簡便。

地下樓層空間配置的重點

透過地下空間的增加 配置了必要的房間 也可供兩台車輛停放

前面道路側的一半空間，設計成配合道路高度的雙車位。內部的另一半空間開鑿更進去則是作為地下室的各個房間。分別為玄關、用水周邊以及工作室。因為設置乾燥空間的關係，採光及開放感十分充足，地下室的閉塞感及陰暗一掃而空。工作室的窗戶面像車庫的關係，隨時都可以欣賞自己的愛車。

Bathroom

正因為在地下室 才能設計大膽且 開放的浴室

上／洗臉台設計兩組以緩和早上整理衣著時的混亂場面。下／面向地下乾燥區的浴室。因為在地下空間所以不用注意周遭視線，即使白天的時候也能將窗戶全部打開。孩子們的朋友來訪的時候，會有到游泳池的感覺。

DATA
所在地：東京都
家庭成員：夫婦＋子女2人
構造規模：RC鋼筋造＋木造 地下1樓＋地上2樓
地坪面積：95.66㎡
建築面積：162.52㎡
地下室面積：67.20㎡
1樓面積：47.66㎡
2樓面積：47.66㎡
土地使用分區：第一種低層住宅專用地區
建蔽率：50%
容積率：100%
設計期間：2007年3月～2009年2月
施工期間：2009年3月～2009年9月
施工單位：榮伸建設
施工費用：4,900萬日圓

FINISHES
●外部裝修
屋頂：鍍鋁鋅鋼板
外牆：微彈性塗料
●內部裝修
玄關、盥洗室、工作室／
地板：水泥工程、胡桃木地板
牆壁：水泥工程、珪藻土
天花板：樹脂噴漆塗裝、水泥工程
浴室／
地板：軟木磁磚
牆壁：磁磚
天花板：檜木板
客廳／
地板：胡桃木地板
牆壁、天花板：珪藻土
餐廳、廚房／
地板：磁磚
牆壁、天花板：珪藻土
兒童房、主臥室／
地板：胡桃木地板
牆壁：珪藻土
天花板：化妝樑外露、野地板
●主要設備製造廠商
廚房製作：深津木工
廚房設備：東芝、Miele
衛浴設備：INAX、TOTO、GROHE
照明器具：DAIKO、ODELIC、MAXRAY、TOSHIBA

ARCHITECT
廣部剛司／廣部剛司建築研究所

Children's room

在孩子還小的時候做多用途的使用

兒童房包含樓梯間的地方為約7.5坪的寬廣空間，將來預計分成兩個3坪的空間。從南側關閉，北側開展的開口部可以看到1樓庭院栽種的竹葉搖晃的樣子，給人涼爽的感覺。

2樓空間配置的重點

兒童房開放 主臥室封閉 對應各種用途而生的空間

因為子女年紀還小並沒有設立個人房的必要，兒童房作為開放式獨立空間來做多用途的使用。樓梯間也以開放的方式保持與客廳間的聯繫。為了將來能把空間分為兩間個人房，已經預先把家具以及牆壁配置計畫完成了。延長主臥室往樓梯的動線，讓房間有被隱藏的感覺。透過設置橫長的窗戶，使床具放置在可以眺望南方天空的位置。

Master bedroom

能望見空中將橫長窗裝置在主臥室

主臥室透過設置橫長窗，截取了水平的視野。橫躺在床邊時可以望見南方的天空。可以整理重要衣物的衣帽間，收納功能也很齊全。門的材質和別的房間相同，活用了木質紋路的水曲柳木材。

有「開闊感」且舒適的室內格局

03 Planning Ideas

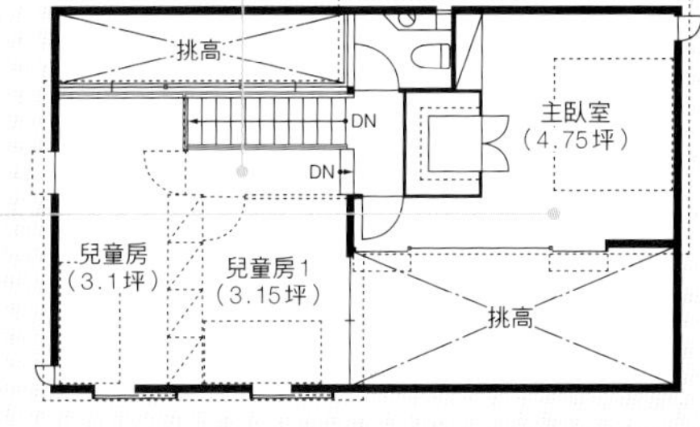

剖面圖重點

透過地下室與錯層的三次元組合解決空間的問題

建地的地基面比道路還要高兩公尺。為了設置室內車庫，就得將地基整治與道路水平同高。而內部繼續做空間的開鑿，做為地下室的空間。與露台連結的桌椅型餐廳與能在地板上放鬆的客廳，在1樓空間打造出三種不一樣高度的段差。透過採用不同的地板材質，每個房間都依不同的生活風格連結在一起。

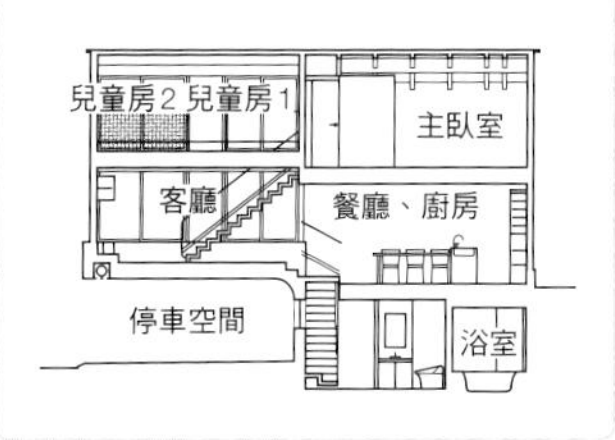

Dining room

能夠體驗與露台的一體感開放式的餐廳

餐廳面向的露台，採用與外牆同樣的裝修材料，透過設置方型的窗戶能夠看到鄰地松木林的景色。用餐區的窗框採用完全收納的類型，即使關起來也不會讓開放感受到影響。

打開百葉窗式的門窗後為擁有洗石子地板的土間中庭。和風庭園是由男主人設計並且植栽後的作品。正面是設置玻璃的玄關，上半部則是露台。

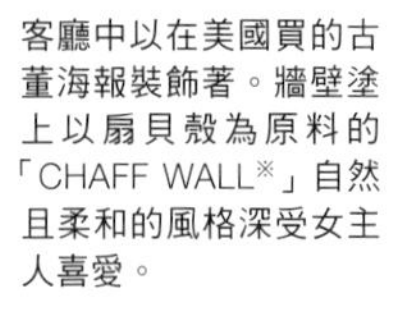

客廳中以在美國買的古董海報裝飾著。牆壁塗上以扇貝殼為原料的「CHAFF WALL※」自然且柔和的風格深受女主人喜愛。

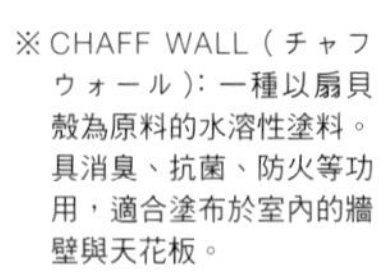

※CHAFF WALL（チャフウォール）：一種以扇貝殼為原料的水溶性塗料。具消臭、抗菌、防火等功用，適合塗布於室內的牆壁與天花板。

從玄關往樓梯及畫廊看過去的景象。畫廊展示了女主人製作的提包。左手邊是寢室、右手邊是工作室。

流動緩和的巴薩諾瓦節奏
「滿足」在這個場所因應而生

2樓的客廳往廚房望過去的景象。廚房的牆壁挖空，開口部尺寸是男主人經心思考的。天花板的高度也因為男主人的執著而定的。

有「開闊感」且舒適的室內格局

04

Planning Ideas

東京都・S宅

設計＝彥根 明／彥根建築設計事務所

家庭成員：夫婦

地坪面積：166.61 ㎡（約50坪）

建築面積：128.27 ㎡（約39坪）

透過庭院的包圍
外部的保護及內部的開放
兼顧安心及開放感的家

接近天空和綠景
感受自然的變化的每一天

男主人從祖父繼承的土地是位處於公園以及運動場較多的古老住宅地，建地旁邊的林地有水源流過。但是不久的將來由於道路幹道的開通，將會影響到水源附近的景觀，並伴隨著道路開拓而產生環境惡化的憂慮。反映在這件事情上，S宅的外觀以相當恬淡的感覺來設計，從住宅外圍看不到任何窗戶。但即使如此，開放門窗後所看到庭院的景色讓人印象深刻。由男主人親自設計，以種植而產生的水綠感，作為建築背景。單純的箱型建築物中，透過圍牆來包圍西面的空地就是內庭的所在。

全部的房間都設計成朝向庭院大開口。因此室內產生從外觀所想像不到的開放感。女主人說「在這個家住起來最大的變化就是，可近距離體會到自然的感受」。在擁有自已的天空及綠景的環境下可說是相當的「豪華」。南側雖然幾乎沒有窗戶，但透過白色牆壁從庭院反射進來陽光，使室內變得明亮。

「就建築的外觀來看，其實感覺起來有點煞風景」如此表示的是這棟住宅的設計者彥根明。為了讓同為設計師的男主人夫婦可以自由加入自己的巧思，以建立簡單的空間為目標。因為男主人夫婦職業的關係能夠將空間的印象明確地表達出來，所以在建築方面的討論可以進行地更順暢。「平常像是拼拼圖的設計案件比較多，而S宅的案件就好像一開始就蒐集好漂亮的碎片一般」。精心打造的空間作為畫廊，夫婦兩人所嚴選的家具以及裝飾品以極佳的平衡性來配置。在這當中包含在美國出差時從跳蚤市場或者是古董店選購的物品。觀葉植物與庭院的綠景共同描繪出舒服的風景，不管怎麼看都不會厭倦。男主人說「這個家有百分百的滿足」並且將照明器具漆成各種顏色、在天花板內增設音響設備等巧思，享受調整生活空間的樂趣。透過自己的參與使生活空間更加地讓人愛不釋手。感覺與家的聯繫變得更緊密。

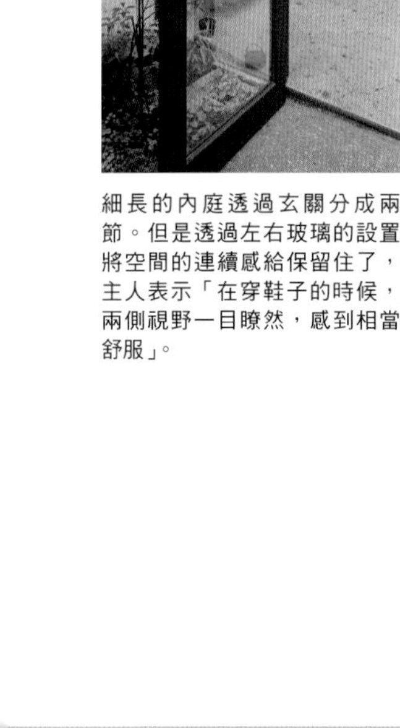

細長的內庭透過玄關分成兩節。但是透過左右玻璃的設置將空間的連續感給保留住了，主人表示「在穿鞋子的時候，兩側視野一目瞭然，感到相當舒服」。

在家裡度過的時間增加是舒適的證明

同一空間下的客廳及餐廳，透過家具擺設營造出舒適的空間。牆壁的另一邊是儲物室兼電腦區。電視櫃有一半是往對側儲物室的牆壁內崁入，看起來更加輕薄。

從2樓向下往玄關看過去的景象。玄關地板所採用的大谷石，與祖父家使用的相同，是能勾起回憶的素材。照片上部可以看到露台。

1 從露台向下往內庭望過去的景象，間隔緊密的百葉窗提升了庭院的個人隱私。 **2** 從寢室往中庭看過去。女主人說「早上起床時期待欣賞庭院的景象」，而照顧庭院的工作由男主人擔當。「因為是一定會經過的地方，可以每天發現庭院中不同的變化」

位於1樓女主人專用的工作室。男主人祖父的書桌與美國購買的骨董燈具做搭配。在夏克村所購入的棚架用各種小東西裝飾著。

被包圍的內庭
享受開放的距離感

Gallery

將移動空間設計成手工包包專用的畫廊

廊下型狀的空間牆壁作為畫廊來活用。主要展示女主人的手工包包。走到底是全面的固定窗引導進來的光線，透過白色的牆面反射使光線更柔和。

透過兩邊玻璃的設置與庭院一體化的玄關

細長的內庭中獨立出來的玄關，為了不影響到與內庭空間的連續感，在兩側增設了玻璃。為抹除「常使人有好像進入陰暗洞穴印象」的玄關特色，而在地板採用大谷石做裝飾。

在居住性高的車庫中一頭栽進愛車保養的樂趣

收納愛車愛快羅密歐與機車和自行車的車庫，是男主人的「嗜好房」。休假的時候整天在這邊渡過是常有的事情。地板設計成維修車輛用的區域。是相當專業的設計。

車庫

中庭1

寢室
（4坪）

畫廊

玄關

UP

中庭2

工作室
（3.75坪）

0 1 2 3m

1F

Bedroom

隨著早上起來可以欣賞庭院美景的寢室

寢室中的一牆面是已經裝訂好的衣櫃，收納功能非常充實。在與白色牆壁搭配的異色小飾品與海報的裝飾之下，顯露出溫柔的氣氛。西面為全面的開口部，可以享受房間與中庭的一體感。

透過庭院景致提高創作欲望的工作室

女主人的工作室。黑色的窗框成為畫框，將男主人創造的庭園美景收入其中。書桌面向庭院，安靜而舒適的環境相當適合工作。在縫製工作結束後也能讓眼睛休息。

剖面圖的重點

水平縱橫方向隨著樓層而變化空間更加寬廣

置於建築物西側位置的內庭周圍立起牆壁，南北面設置密度高的百葉窗將視線遮蔽。也不需要任何窗簾門簾，就可以過著充滿開放性的生活。1樓抑止天花板的高度，而面對內庭的開口部直到天花板都可以讓視野一覽無遺，使室內取得與庭院的一體感。2樓是天花板較高的寬廣大空間，體會與1樓不同的開放感。

客廳、餐廳

露台

寢室

DATA
所在地：東京都
家庭成員：夫婦
構造規模：木造 地上2樓
地坪面積：166.61㎡
建築面積：128.27㎡
1樓面積：66.62㎡
2樓面積：61.65㎡
土地使用分區：第一種低層住宅專用地區
建蔽率：40%
容積率：80%
設計期間：2006年7月～2007年5月
施工期間：2007年6月～2007年12月
施工單位：渡邊建設

FINISHES
●外部裝修
屋頂：DRP防水TOP COAT
外牆：砂岩漆塗裝工程
●內部裝修
玄關／
地板：大谷石
牆壁、天花板：CHAFF WALL塗裝
LDK、主臥室、工作室
地板：柚木木材保護塗料
牆壁、天花板：CHAFF WALL塗裝
衛浴間／
地板：磁磚
牆壁、天花板：AEP塗裝
●主要設備製造廠商
廚房製作：CRED
廚房設備：PANASON、GROHE、Miele
衛浴設備：TOTO、GROHE、Tfrom、三榮水栓、ABC商會
照明器具：ENDO、MAXRAY、yamagiwa、National

ARCHITECT
彥根 明／彥根建築設計事務所

1樓空間配置的重點

強調開闊感 包含玄關的 通道部分是魅力重點

南北延伸的建築物與內庭的關係，更加強調了建地的特徵，引導出視線的延伸。玄關是建築物延伸獨立出來，將庭院分為「前」與「後」。寢室、工作室面向庭院的方向設有巨大的窗戶，其他空間的面大膽採用封閉的設計來控制視線。作為男主人興趣空間的車庫設置採光窗，除保留了一定程度的居住性外也能從中庭進出。

2樓空間配置的重點

向內庭開放的 獨立空間LD 透過家具來劃分區域

2樓配置了要求明亮度與天花板挑高的LDK區域，以及更需要隱私保護的用水周邊。朝著被牆壁包圍的私人室外空間開放，得到視覺上寬闊的感覺。位於簡單的開放式空間客廳及餐廳，透過家具的擺設來劃分區域，以方便的迴游動線將書房與客廳鄰接在一起。玄關上部的露台則做為另外一個餐廳活用。

與北歐家具很搭配 高天花板與大開口的LD

挑高天花板、開放式空間的客廳及餐廳，與朝向中庭的開口部集中。阿納雅布森的椅子與沙發、古董櫥櫃等，統一選用北歐風格的家具。

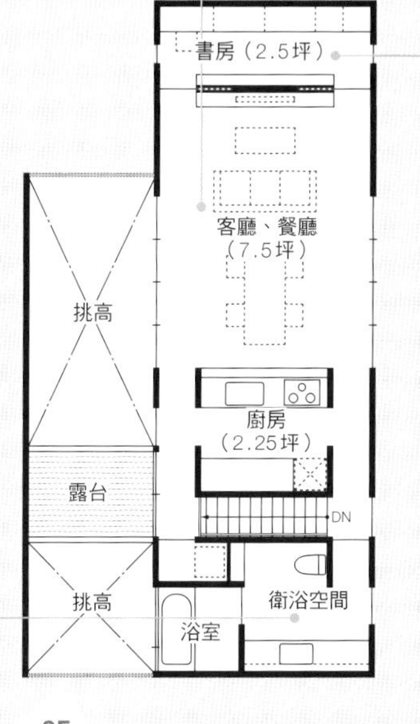

統一成白色 明亮且寬闊的 盥洗・更衣室

雖然盥洗更衣室與廁所整合在一個房間，取而代之的是整體空間的寬廣。從中庭照射進來的陽光通過浴室產生自在感。洗臉台與地板統一採用白色成為充滿清潔感的化妝室。

為了讓客廳保持 清爽乾淨，必須有能 支援的小房間

位處客廳內部的書房收納了許多藏書以及雜貨，使客廳保持在乾淨清爽的狀態。棚架的一部分作為書桌使用，同時也能方便電腦作業的進行。透過在兩端設計的出入口，在房間使用的動線變得更加方便。

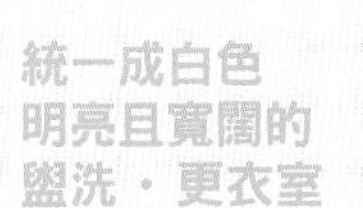

居住的室內格局

從環保的層面、成本考量的層面、以及代代承襲的層面來看
能長久居住的房子，是蓋房子時最優先考慮的主題。
廢棄&建設的時代早已結束，
希望能打造往後可以使用60年、90年的房子。
然而，蓋這樣的房子必須考量種種要素。堅固的構造、
呈現經年累月變化的材質、維護容易度等等……。
並且，能對應生活中變化，靈活的室內格局也很重要。

整理・撰文／畑野曉子（P032-037，050-055）、松川繪里（P038-049，056-061）
攝影／黑住直臣（P032-049，056-061）、中村繪（P050-055）
建築師的聯絡方式請參照P166-167。

Planning Ideas
01

東京都・山口宅
設計＝鈴野浩一＋禿真哉／
TORAFU建築設計事務所
（トラフ建築設計事務所）

將建築物當成家具「使用」的小型雙世代住宅

Planning Ideas
02

東京都・I宅
設計＝安藤和浩＋田野惠利／
安藤工房（アンドウ アトリエ）

偏愛木材與古董 鋼筋打造＋隔熱的房子

[PART 2]

可長久舒適

若是精心打造
具有魅力的房子
住得越久
便越眷戀

Planning Ideas

03

東京都・H宅
設計＝若原一貴／若原工房（若原アトリエ）

以堅固構造獲得安心感
室內格局靈活的房子

Planning Ideas

04

神奈川縣・尾澤宅
設計＝尾澤俊一＋尾澤敦子／
尾澤設計一級建築師事務所
（オザワデザイソ一級建築士事務所）

納入生活變化的
四方體房屋

Planning Ideas

05

東京都・S宅
設計＝柏木學＋柏木穗波／
Kashiwagi・Sui・Associates
（カシワギ・スイ・アンシエイツ）

不受環境變化左右
蓋在都市旗竿地的房子

色調不同的合板，配置成拼縫狀的2樓廚房，是從舊房子的板材獲得構思的溫暖簡樸設計。架子是以托架支撐的構造，追加層板也很容易。

靠近地板位置的2樓LDK的外凸窗。具有充足的深度，可當成長椅使用。白色牆壁搭配椴木合板窗框的簡單設計與平面窗簾非常速配。

Planning Ideas 01

東京都・山口宅
設計＝鈴野浩一＋禿真哉／TORAFU建築設計事務所
家庭成員：雙親、夫婦＋子女2人
地坪面積：76.16㎡（約23坪）
建築面積：104.50㎡（約32坪）

將建築物當成家具「使用」的小型雙世代住宅

將牆壁與地板等建築物的構成要素，當成家具使用的小型雙世代住宅。房間的用途與建材都能量身打造的房子，支撐各個世代的生活。

2樓LDK的天花板高達5m。消除天花板與牆壁交界線的曲面處理，呈現出寬廣的空間。餐桌是也能當成圓桌的原創設計。

在建築物北邊屋頂內的3樓兒童房。地板鋪了一般的椴木合板，能盡情使用。色彩鮮艷的家具，及山口先生原創的打擊樂器，點綴出一個歡樂空間。

日常生活將「白殼」般的房子點綴得色彩繽紛

配合生活變化量身打造住宅

山口先生一家人將從祖父母那一輩住到現在的土地分割，蓋了雙世代住宅。蓋在面寬4.7m、深16.5m的細長形建地上的3樓建築，有山口先生夫婦與年幼的2名子女，及妻子的雙親在此居住。

「舊房子裡有許多無法捨棄的東西。是否能在狹窄的土地上確保雙世代的住居與收納空間，其實我一點頭緒也沒有」女主人說。這時，朋友向他們介紹TORAFU建築設計事務所。身為音樂家的男主人，對於家具製作與店鋪等一切東西都親自參與的建築師頗有同感，「我有預感完成的房子絕對非比尋常，一定能讓我雀躍不已。」

配置在2．3樓的子女世代住居，想像成「包著家人的殼」。有2層樓空間的LDK，被一面斜的屋頂圓滑連接的牆壁，圍成套房空間。比LDK的地板低70㎝的地方是寢室。在挑高1樓的寢室上方，是閣樓般的兒童房。

雙親世代住在容易維持區域銜接的1樓。在建築物當中，玄關與連接上下層的樓梯間一舉實現了簡短動線。隔著這個移動空間，起居室被分為兩半。另外，1樓與2樓之間設有中間層，也確保了大容量收納室。

親自設計的建築師鈴野浩一先生與禿真哉先生，對於多世代能長久居住在舒適生活的房子，提及：「重點是有容許生活變化的餘地」。

「在山口先生的家，我提議配合生活將建築物當成家具『使用』。像是在基礎牆中間架隔板來收納，或當成桌子使用。室內裝修物是以在購物中心購得的東西製作，所以之後可以增減分量」禿先生說。此外還有一些「使用」房子的機關。像設在低矮處的外凸窗可代替長椅。LDK的地板，還可以當成低樓層寢室的桌子。

還在設計階段時產下第2個孩子的夫婦倆說：「如果需要兒童房，再鋪上地板即可。比起房間數目與用途，對於房子，我們更追求快樂，及最想回到的珍愛場所。」

享受不被初期設定束縛的自由居住方式。對想要長久居住在此生活的房子，這正好產生了一種眷戀。

從2樓LDK眺望北邊起居室。比LDK地板低70㎝的寢室上方，是形同閣樓的兒童房。並非獨立的個別房間，而是打造了可察知家人動靜的住所。

1 1樓玄關與樓梯間。拱形門留下改建前的舊房子面貌。門內側是雙親世代的起居室。 **2** 從2樓俯瞰樓梯挑高。檜木地板材在每層樓都以不同方向鋪上，樓梯腳踏處的設計也有部分改變等，為空間添加變化。

Planning Ideas

01 可長久舒適居住的室內格局

Work space

Planning Ideas

01 可長久舒適 居住的室內格局

利用承重牆的架子與桌子

為了確保建築物短邊的承重，排列袖壁狀的承重牆。在這承重牆中間架層板，打造收納與書桌區。層板位置與數量，以及角落區的用途，之後也能輕易改變。

兩個世代共有的寬敞盥洗室

1樓盥洗室．浴室由兩個世代共用。由於家人的生活時間帶不同，所以用水區配置在離雙親世代寢室較遠的地方。考量到較多人使用，洗臉盆設了2個。門的配色賦予空間明亮的印象。

Sanitary

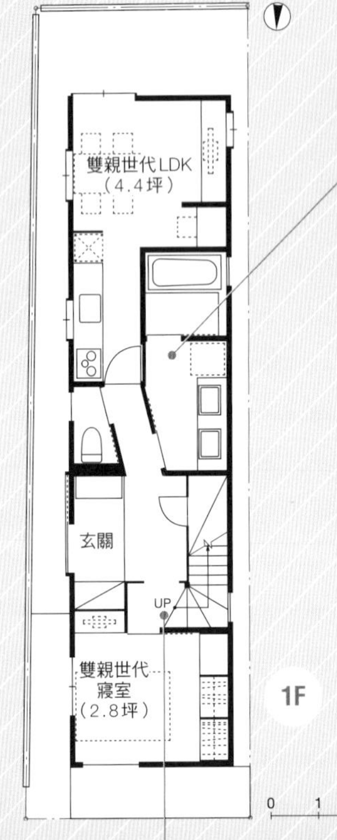

地板與牆壁當成家具使用的房屋構造

剖面圖的重點

為小型住宅帶來變化的多元剖面圖結構

3層樓房屋具有5種地板平面與8種天花板高度，空間變化頗為豐富。位於房子中心的挑高玄關與樓梯間，銜接各個樓層。1樓雙親世代區與2、3樓子女世代區之間，刻意減低天花板高度，確保約5坪的收納室。另外，雙親世代的生活空間設計得小巧，並在縱向添加變化。客廳與寢室的天花板挑高，特意讓1樓也能從氣窗充分採光。收納室裡的中間層，設置子女世代的廁所。由於天花板高度高於收納室，所以廁所上方朝2樓LDK凸出。廁所天花板部分變成LDK的矮桌，天花板底下的內窗成為燈籠般的照明設備。

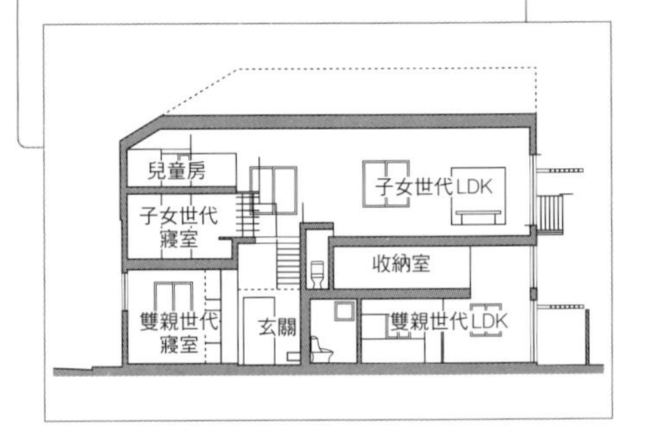

2 *Stair*

1 *Hall*

承襲舊房子面貌的拱形大門

1 在玄關與各生活空間中，設置作為緩衝區的拱形大門。這個設計與舊房子裡的通道入口相同，雙親非常中意。舊家的回憶自然地用於新居。 **2** 從1樓銜接中間層的樓梯踢板活用為收納區。裡頭收納男主人持有的CD。

DATA

所在地：東京都
家庭成員：雙親、夫婦＋子女2人
構造規模：木造，地上3樓
地坪面積：76.16m²
建築面積：104.50m²
1樓面積：45.37m²
2樓面積：44.02m²
3樓面積：15.11 m²
收納室：16.11m²(不含容積)
土地使用分區：第1種低層住宅專用地區、準防火地區、第1種高度地區
建蔽率：60%
容積率：150%
設計期間：2009年11月～2010年5月
施工期間：2010年6月～2010年11月
施工單位：青
施工費用：約3,000萬日圓（本體施工費用）

FINISHES

外部裝修

屋頂／鍍鋁鋅鋼板長尺隔熱板
外牆／窯業系牆板、鍍鋁鋅鋼板長尺隔熱板

內部裝修

玄關
地板／灰泥金鏝刀潤飾
牆壁・天花板／EP塗裝

雙親世代LDK・雙親世代寢室
地板／檜木實木地板
牆壁・天花板／EP塗裝

子女世代LDK
地板／檜木實木地板
牆壁／EP塗裝，雙層可彎板（承重牆）
天花板／EP塗裝

子女世代寢室
地板／MDF
牆壁／EP塗裝
天花板／椴木合板

兒童房
地板／椴木合板
牆壁・天花板／EP塗裝

盥洗室
地板／長PVC板
牆壁・天花板／EP塗裝

浴室
地板／浴室用軟木墊磁磚
牆壁／FRP防水表塗層
天花板／氨基鉀酸酯塗裝

主要設備製造廠商

廚房設備：HARMAN、Panasonic等
餐桌・椅子／藤森泰司工房（藤森泰司アトリエ）
衛浴設備／SANEI、TOTO等
照明器具：MAXRAY

ARCHITECT

鈴野浩一＋禿真哉
／TORAFU建築設計事務所

多樣化地板高度 空間繽紛的LDK

在LDK盡頭的是閣樓狀的兒童房，以及地板高度比LDK低70cm的寢室，上下相對。廚房腳邊的矮桌，是樓下廁所上部。設計成讓光線從內窗灑落。

1・1.5樓空間配置的重點

大容量的共用收納區 支援空間雖小 卻舒適的生活空間

玄關與樓梯間集中在細長的建築物中間，上下左右的空間以簡短動線連接。盥洗・浴室是兩個世代共用的小巧設計。另外，為了使雙世代住宅成立於小小平面上，在壓低天花板高度的用水區上方設了中間層，確保共用的收納室。

2・3樓空間配置的重點

沒有隔間牆的 立體型套房 將家人連繫在一起

隨著孩子成長改變生活的子女世代住居，利用地板與天花板的高度差形成住所。沒有隔間牆的空間，可使居住者自由使用。另外，外凸窗變成長椅，地板活用高度差當成桌子等，將建築物當成家具使用。擺設的家具較少，可有效活用空間。

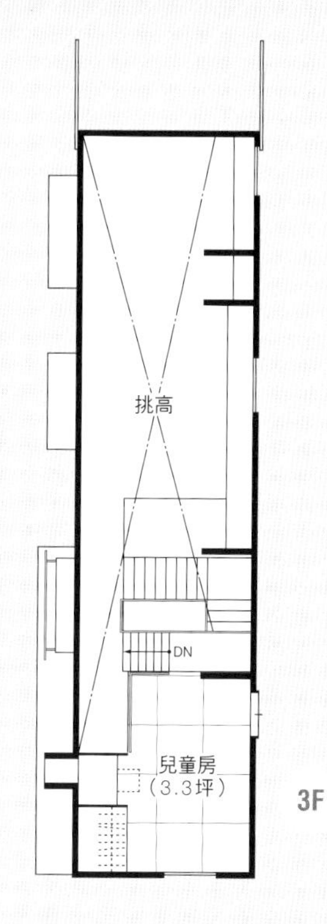

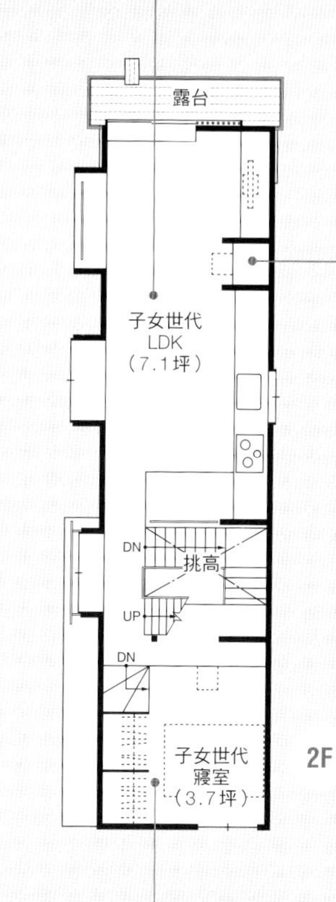

Bedroom 2

LDK的地板變成桌子 獨特的房間結構

1 建築物北邊最裡面的寢室，壓低天花板高度，構成沉穩的氣氛。柔和的光線從北邊窗戶溫和地照亮室內。 **2** 寢室與LDK的地板高度差約70cm。LDK的地板，在寢室兼作為桌子的空間連接方式非常獨特。桌子前的樓梯與寢室上方的兒童房相連。

從樓梯平台，俯瞰2樓餐廳。不隔開樓梯間，當作房間延長的一部分，確保空間。柔和的光線透過拉門反射到白色牆壁上照亮整個房間。

Planning Ideas

02

東京都．I宅
設計＝安藤和浩＋田野惠利／安藤工房
家庭成員：夫婦＋子女2人
地坪面積：89.65m²（約27坪）
建築面積：119.09 m²（約36坪）

偏愛木材與古董 鋼筋打造＋隔熱的房子

鋼筋打造實現高耐震性，屋齡越久就越洗練，
3樓建築住居追求的是，古董品襯托出的「木造風格空間」。

1 鑲嵌在玄關窗戶的彩色玻璃。女主人很喜歡以前居住的城鎮裡的某一間玻璃工房，因此委託他們製作。 **2** 吊在玄關前的可愛垂吊照明也是同一家工房的作品。 **3** 3樓寢室拉門與收納門上，從京都老店訂製了京唐紙。日式與西洋的融合，創造出獨具個性的氛圍。 **4** 安裝在寢室裡的復古日式照明器具。

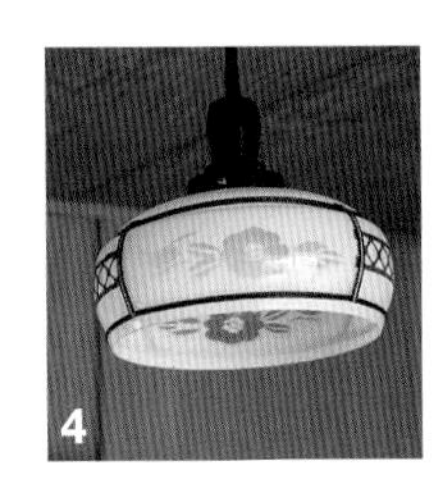

4

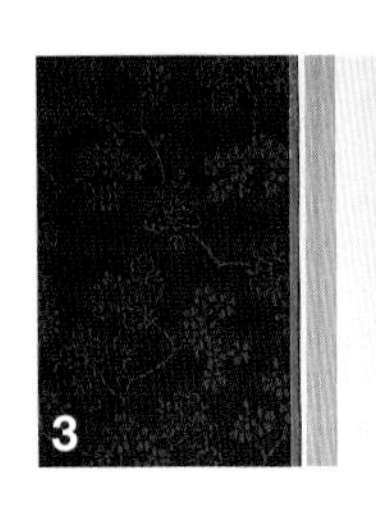

3

2

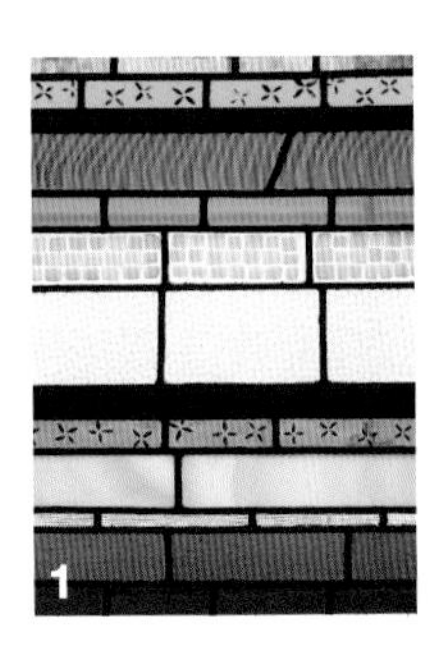

1

從廚房隔著餐廳望向客廳。雁行配置的2個房間讓視線在對角線上沒有阻礙，面積雖小卻能享有輕鬆感。餐廳的垂吊照明，是丹麥製的古董品。

客廳空間約3.5坪。不過，由於連接到樓梯與餐廳，所以感覺空間恰到好處。走廊等建築要素盡可能省略，將牆壁・天花板漆成白色，具有減少壓迫感的正向作用。

從彩色玻璃灑落的光線令玄關鮮艷明亮。右手邊是鞋子收納處，另外還備置可以掛外衣的衣櫥。

1樓圖書室。在所有牆面都安鑲書架一眼看去是龐大的藏書量，配合家人共用的長桌，同時設了2組古董的垂吊照明。

時間越久越添豔麗 採納木造房屋的優點

在一片灰色的街景中，I宅五彩繽紛的彩色玻璃照明器具十分引人注目。可感受到居住者的溫暖，讓人想像這一家人快樂的生活。住在這間房子裡的是擔任編輯的男主人與法國籍妻子，加上2名兒女的4人家庭。「因為知道彼此各有堅持，所以從一開始就沒考慮過新建的待售屋」男主人說。決定蓋房子之後，他們在外租房子簽了3年的定期契約，新家在這段期間內完工，按照計畫進行的夢想終於實現。

白色牆壁．天花板搭配白蠟木紋理，使人心情平穩的內部，整體洋溢著木造住宅質感，但一問之下沒想到竟是「鋼筋打造」。接受委託的建築師安藤先生與田野小姐，對於設計的原委如此說道：

「印象中最為深刻的是，由於他們經歷過阪神淡路大地震，所以想要一間耐震的房子。並且，在要求防火設計的住宅密集地的3樓建築，若要將開口部統一設在南面，就必定會想到用鋼筋打造」。然而另一方面，I先生也要求木造住宅具有的魅力。「屋齡越久便越美的房子，這一點是委託設計時的主題。我們夫婦倆打算在這間房子住50年，可以的話希望孩子與孫子也能繼續住下去。所以房屋結構必須穩固，內部則使用能隨著時間增添妙趣的木頭。因為我也喜歡古董，所以希望一個能長時間陪伴在一起的空間。」

為了貫徹襯托古董品的「背景」，空間設計得簡單沉穩。個性十足的照明器具與每一件家具，賦予每個地方故事性。與外表上的清爽同樣重要的是，全身感受到的建築物功能。除了保證安心的耐震性，為所有樓層帶來穩定室內溫度的隔熱紙，還有考慮過通風．採光的窗戶配置。這些支持每天的舒適性，形成讓人想長久居住的空間。

1 從客廳望向餐廳方向。打開左手邊的拉門，便可通往露台。右手邊內部可以看見收納大量CD的專用架。 2 固定家具的面材，以水曲柳的直木紋合板統一。柔和的美麗木紋，醞釀出安穩的空氣感。飯桌也採用水曲柳。

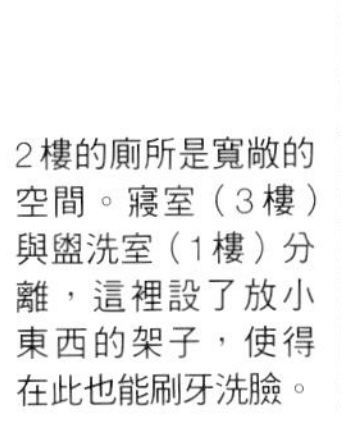

2樓的廁所是寬敞的空間。寢室（3樓）與盥洗室（1樓）分離，這裡設了放小東西的架子，使得在此也能刷牙洗臉。

陳舊的物品顯得更美
想長久居住就該選這樣的房子

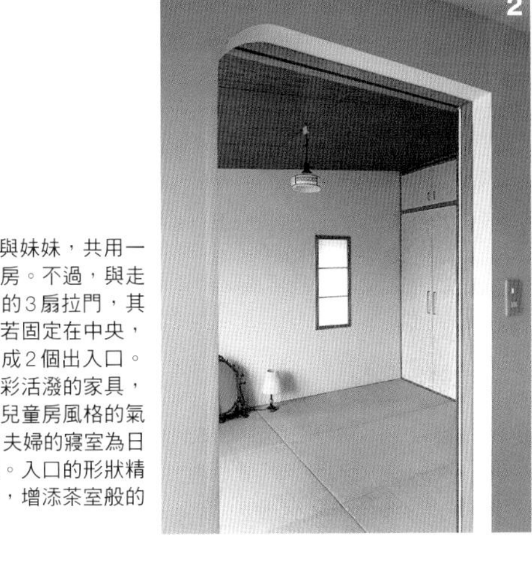

1 哥哥與妹妹，共用一間兒童房。不過，與走廊隔開的3扇拉門，其中一扇若固定在中央，就能分成2個出入口。擺設色彩活潑的家具，呈現出兒童房風格的氣氛。 2 夫婦的寢室為日式擺設。入口的形狀精心設計，增添茶室般的趣味。

活用結構
開口部
統一在南側

客廳藉由與其他地方的連續感獲得空間

營造樓梯與餐廳相互間的流動性，讓視線穿越對角線給予人寬敞的印象。照片中央內側角落呈現曲面使距離感模糊，並減少壓迫感。

1F
衣櫥
UP
衣櫥
圖書室
（4.4坪）
停車場
玄關
南方庭院
車庫
0 1 2 3m

Sanitary

木材圍繞令人放鬆的盥洗室

盥洗・更衣室被白蠟木的柔木紋環繞，裡面設置了長椅，洗完澡後可以坐下放鬆。附近設置2個衣帽間，收納家人的衣服。

在藏書圍繞下埋首讀書與學習的圖書室

所有牆面堆滿了書架，這裡是家人共用的書房。為使氣氛不同於其他房間，地板採用人字形紋樣。男主人用第一份薪水購買，充滿回憶的古董椅也宛如一幅畫。

總是井然有序的餐廳

與客廳之間配置櫃台收納區，從餐廳和客廳不會看到廚房內部。圖片右手邊是食品儲藏室，雜物與體積大的東西也都能一手收納。

DATA

所在地：東京都
家庭成員：夫婦＋子女2人
構造規模：鋼筋打造3樓
地坪面積：89.65m²
建築面積：119.09m²＋3.51m²（單車停車場）
1樓面積：45.79m²（其中3.51m²為單車停車場）
2樓面積：41.87m²
3樓面積：34.94m²
土地使用分區：第1種中高層住宅專用地區、準防火地區、第3種高度地區
建蔽率：60%
容積率：160%
設計期間：2008年10月～2010年2月
施工期間：2009年7月～2010年2月
施工單位：宮嶋工務店
施工費用：約3,200萬日圓（包含本體施工費用、電力・給排水施工費用 家具加工另計）

FINISHES

外部裝修
屋頂／鍍鋁鋅鋼板直紋隔熱板
外牆／窯業系牆板面板

內部裝修
玄關
地板／混凝土水刷石
牆壁・天花板／AEP塗裝
圖書室
地板／橡木地板
牆壁・天花板／AEP塗裝
客廳・餐廳・兒童房
地板／橡木地板
牆壁・天花板／AEP塗裝
寢室
地板／塌塌米
牆壁／珪藻土粉刷
天花板／花旗松不燃合板
盥洗室
地板／橡木地板
牆壁・天花板／椴木合板AEP塗裝

主要設備製造廠商
廚房設備機器／林內、GROHE
廚房製作／阿部木工
衛浴設備／TOTO、CERA、杜邦
照明器具／ENDO、YAMAGIWA、DN LIGHTING

ARCHITECT

安藤和浩＋田野惠利
／安藤工房

剖面圖的重點

配置在偏北邊 將樓梯空間 活用於採光與通風

為確保1・2樓整年的日照，刻意將建築物蓋在建築用地北邊，建築物南側則當成空地。利用樓梯以確保北側區域的採光與通風。在建築物北面中央配置樓梯，從各平台觸手可及之處設置窗戶。在3樓寢室前設置夫婦要求的屋頂露台。為遮擋夏天寢室的日光反射，設置了較寬的屋簷，變成從馬路也看不見的曬衣場。

以作為兒童房為前提 分成2間個別房間

現在3扇拉門敞開，與樓梯間連成一體，開放式使用的兒童房。日後若孩子要求想要自己的房間時，中央將以牆壁隔開變更為2間個別房間，因此衣櫥陳設在左右兩邊。

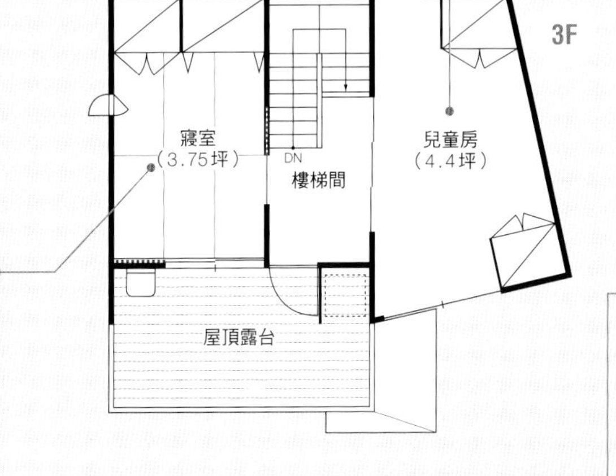

Bedroom

以自由感受 享受日式風格的寢室

無邊塌塌米的現代感，與骨董照明器具和京唐紙飄散的懷舊感混合在一起。珪藻土的牆壁粉刷與「有朝一日想擺設」的日式舊家具也很搭。南面附有寬闊的屋頂露台。

1樓空間配置的重點

集中用水區與收納區 在與庭院相連之處 配置書房

在面向東南方庭院敞開的圖書室，於工作與讀書的間歇，可以看看庭院休息一下或是看看街道上的情況。在盥洗・更衣室裡，放置長椅以便在洗完澡時可以坐下來慢慢吹頭髮。衣櫥設有2個，以集中收納衣服。單車停車場為建築物的一部分，使建築用地內呈現井然有序的印象。

2・3樓空間配置的重點

樓梯間也 變成寬敞的 休憩場所

活用扇形建築用地這種建築物形狀的客廳，南面設有大開口，作為採光通風用。LDK和綠地連接，樓梯也成為室內的延長空間，產生寬敞感。利用牆面的DVD與CD收納架，為了避免造成壓迫感或阻礙視線的印象，而配置在最裡面的地方。3樓設有寬敞的露台，形成可享受開放感的外部空間。

磁磚與木頭素材 鮮活的原創廚房

木紋漂亮的水曲柳合板作為面材，搭配胡桃木把手的方正簡單廚房，是安藤工房的得意之作。白色與海軍藍的磁磚圖案，由I先生夫婦倆設計。

挑高的客廳。天花板最高處為5.7m。牆壁、天花板皆以白色油漆粉刷。照片左上的兒童房，透過挑高設計共有這個空間。

反覆考慮尖形屋頂形狀與窗戶配置等問題，最後決定為端正的正面外觀。建築用地3面被道路包圍，這同時也是避開複數道路斜線限制所產生的形式。

1 眼前的書房鋪了地毯，是舒適的小空間。孩子們已經就讀小學，因而在此擺設書桌作為學習區。內側看得到廚房。
2 從3樓俯瞰樓梯平台。廚房與樓梯並存於同一空間。

Planning Ideas 03

東京都・H宅
設計＝若原一貴／若原工房
家庭成員：夫婦＋子女2人
地坪面積：79.70m²（約24坪）
建築面積：103.99 m²（約31坪）

以堅固構造獲得安心感 室內格局靈活的房子

1樓是鋼筋混凝土，2・3樓為木造的混合構造房屋。
在高耐震性的1樓上蓋木造屋體，成為不讓濕氣靠近的耐久住居。

建築用地雖小也能實現將來安心居住的環境

同樣都很忙碌的H氏夫婦，「希望家可以離公司近一點」而開始找新房子，最後購買了南、北、東側皆緊鄰道路的小型建築用地。

建築師若原先生從這塊用地的狀況，提議1樓以鋼筋混凝土打造，2樓採用木造的混合構造。「3邊被道路圍繞的環境，若採用堅固的混凝土打造便能帶來安心感。在濕氣多的日本，木造部分遠離地面，可讓房子保持得更久。」去年大地震當天，剛好待在家裡的女主人說：「混凝土打造的1樓不管發生什麼事都沒問題，因此我非常放心」。

玄關、用水區、寢室集中在1樓，對照之下，上層是沒有柱子的大型空間。「希望工作結束拖著疲憊的身體回家時，能有一個可以放鬆的空間」女主人說。客廳的挑高，與3樓兒童房空間相連，即使由下往上看，房間的情形也不會進入視線中。

廚房與客廳、餐廳隔開，現在與孩子們讀書區的書房相對。在朝夕相處的短短時間內，邊做家事邊與孩子們密切交流的生活風格，與這樣的室內格局十分搭配。將來孩子們在自己房間讀書的話，鋪有地毯的書房便搖身變為「開躺空間」。由於接近廚房，冬天能以「被爐加上火鍋」的風格使用，往後的計畫一件一件浮現。

「在設計時，若原先生說：『沒有真正住過，很多事情便無法了解，所以一開始先隔成簡單的盒子狀，開始生活後再動手改造』。或許是因為這樣的想法，之後也能繼續找若原先生商量，因此心裡便覺得輕鬆許多」。

能隨著家人成長而改變的靈活性，或許就是太太覺得「住了之後沒有不滿的地方」的原因。

從3樓兒童房俯瞰客廳。在設計途中和建築師一起決定主要家具。建築師考慮家具的尺寸，並縮小細部的尺碼。

與孩子的空間界線分明 讓客廳變成療癒空間

H先生的想法是：「希望工作結束拖著疲憊的身體回家時，能有一個可以放鬆的空間」。因此，格局配置為從客廳、餐廳看不到兒童房與廚房。

兒童房藉由挑高與客廳空間相連。「孩子要求隱私的期間不算長，除此之外，開放式的生活方式，感覺比較舒服」女主人說。

站在廚房裡，便會以略微俯瞰書房的形式相對。看著孩子準備學校用具，或寫作業的樣子，一邊對話一邊做家事。

1 廚房前面的牆壁，與樓梯平台高度相同。若坐在平台上，就能和做菜的人對話。 **2** 廚房若是夠大，便能在短時間內和家人一起準備餐點，很適合忙碌的H家。

功能型的下層
上層則是開放式的
連續空間

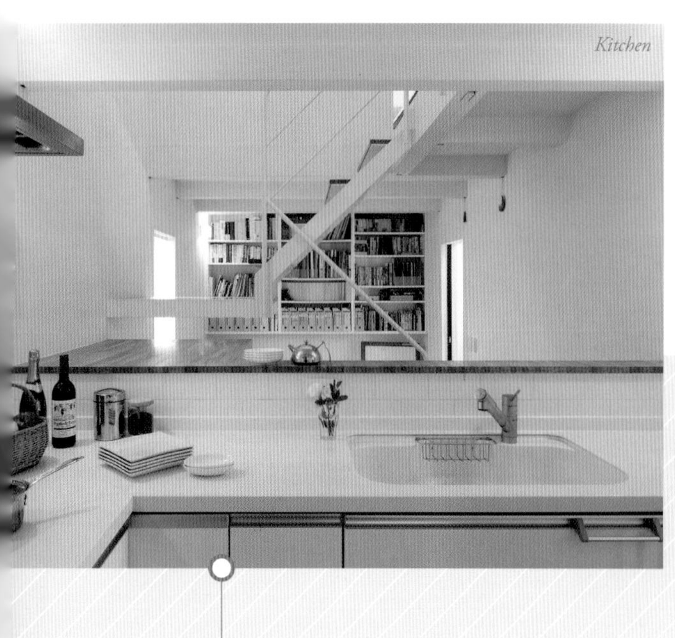

與孩子對話也很起勁
面對書房的廚房

廚房面對餐廳時成封閉性的，配置成正面朝向書房。在早上與傍晚的短時間內，能與待在書房裡的孩子們邊聊天邊做家事。寬敞的廚房也能多人一起進行調理作業。

Entrance

玄關的收納
統一在開放式衣櫥

1樓牆壁活用混凝土原漿的質感，用白色油漆粉刷出柔軟的氛圍。狹小玄關裡並未放置鞋櫃，而是集中收納在開放式衣櫥，呈現整齊的空間。

變化自如的小空間
是孩子的讀書區

樓梯平台上鋪著地毯的書房，在孩子未上小學前不放書桌，而是放置座墊作為「悠閒區」。與廚房在空間上緊密結合。

面向露台的
高獨立性寢室

寢室設置面向露台的落地窗，同時確保隱私及與外部的連結。可在此讀書工作，這裡也配置了固定書桌。

DATA

所在地：東京都
家庭成員：夫婦+子女2人
構造規模：RC鋼筋造+木造3樓
地坪面積：79.70m²
建築面積：103.99m²
1樓面積：37.75m²
2樓面積：46.37m²
3樓面積：19.87m²
土地使用分區：第1種中高層住宅專用地區、準防火地區、第3種高度地區
建蔽率：70%
容積率：160%
設計期間：2007年11月～2008年5月
施工期間：2008年6月～2009年3月
施工單位：ART DE VIVRE（アール・ドゥ）

FINISHES

外部裝修
屋頂／鍍鋁鋅鋼板直條紋隔熱板
外牆／JOLYPATE防火油漆
內部裝修
廚房
地板／栗木板
牆壁、天花板／AEP塗裝
玄關大廳
地板／栗木板
水泥地部分 水洗磨石子地板
牆壁、天花板／水泥裸牆加AEP
主臥室
地板／栗木板
牆壁、天花板／水泥裸牆加AEP
書房
地板／地毯
牆壁／AEP塗裝
天花板／樑間：AEP塗裝
樑：耐火材質設計加AEP塗裝
起居室
地板／栗木板
牆壁、天花板／AEP塗裝
兒童房
地板／地毯
牆壁、天花板／AEP塗裝
主要設備製造廠商
廚房設備：INAX、Panasonic、ARIAFINA
浴室・衛浴設備：INAX
照明：Panasonic電工、YAMAGIWA

ARCHITECT

若原一貴／若原工房

Planning Ideas

03

可長久舒適
居住的室內格局

1樓空間配置的重點

在狹小面積上有效率地塞滿許多功能

除了西面以外的3面用地都被道路圍繞。建築物靠近西側，東側提供空地（停車場），種植大樹美化街道景觀。鋼筋混凝土打造的1樓，是用水區、寢室等隱私區。在衛浴區另外設置洗衣區，打通一個往露台的出入口，作為做家事的順暢動線。狹小面積毫不浪費地完全活用。

2・3樓空間配置的重點

從休息區構成看不見雜物的空間配置

木造的2樓，是沒有柱子的大空間。簡單的潤飾與細節，使空間整潔的美感更醒目。廚房與休息用的餐廳刻意分開，而與孩子所待的書房面對面。閣樓狀的兒童房與客廳在空間上相連，但在視覺上卻是隔絕，從客廳看不到孩子的各種物品。

最小的兒童房為尖形屋頂的內部空間

現在，孩子在書房裡讀書，因此3樓基本上是睡覺的房間。在有獨立性的需求時，預定利用家具提高隱私等，可自由地變更。

Children's room

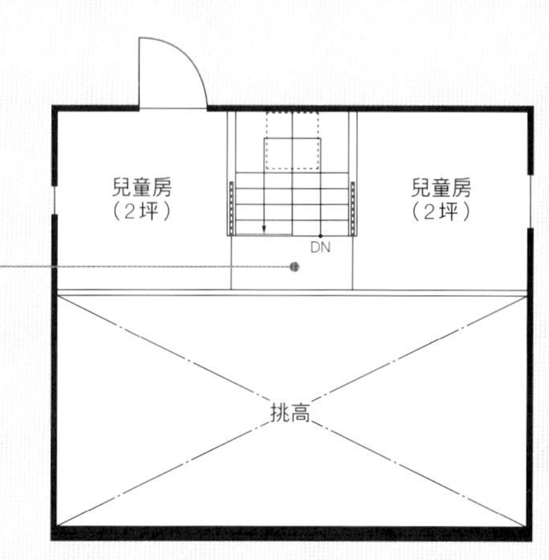

3F

剖面圖的重點

在與法規限制的拉鋸下確保最大空間

由於用地的3邊都被道路圍繞，因此有嚴格的斜線限制。為符合這一點，完成3樓建築，因此催生出這尖形屋頂的形式。2樓天花板最大為5.7m，實現客廳的大空間。書房比客廳低2階樓梯，並鋪上地毯。在增添變化的同時，也營造出凹下處的舒暢感。

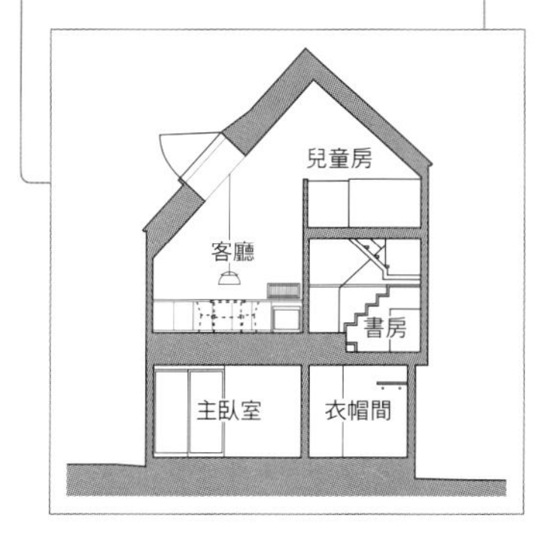

不帶有生活感的客廳療癒一天的疲勞

在活用挑高天花板的客廳裡，設置天窗作為光線的採光口。對於周圍減少窗戶的數量，以維護隱私。家具與空間十分搭配，讓舒暢感倍增。

Living room

納入生活變化的四方體房屋

鋼筋混凝土與鋼筋打造，室內沒有露出柱子的開放式住居。
可配合生活需求變化室內格局的筒狀空間，充滿舒適的光線與微風。

經由挑高與2樓寢室連接的1樓LDK。多樣化的天花板高度，為簡單筒狀空間增添變化。地板採用不易退色的炭化處理木材。

從踏入玄關的土間望去。從南面大開口部，可以眺望傾斜地獨有的開放式景色。寬敞的土間，也負責連接樓下的事務所與右手邊的1樓LDK。

Planning Ideas

04

神奈川縣・尾澤宅
設計＝尾澤俊一＋尾澤敦子／尾澤設計一級建築師事務所
家庭成員：夫婦＋子女1人
地坪面積：138.52m²（約42坪）
建築面積：154.25 m²（約47坪）

可長久舒適居住的室內格局

鋼筋混凝土打造的箱形，與鋼筋打造的白色筒形錯開重疊。白色外牆採用具自淨作用的光觸媒親水性塗料。建築物形狀簡單，維護時也輕鬆。

從1樓餐廳望向玄關土間的風景窗。從窗戶可以眺望橫濱高樓與高台景色。餐廳與玄關土間能以拉門隔開。

從玄關土間可看遍1樓客廳．餐廳。為了邊欣賞傾斜地景色，邊調整南風吹入，搭配組合密閉窗與通風用的開閉窗。

從2樓寢室俯瞰客廳挑高。1樓地板使用深色栗木，2樓寢室則使用較亮色的橡木。上下層同樣是不怕褪色的炭化處理地板。

Planning Ideas 04

可長久舒適居住的室內格局

因應將來用途變更可靈活運用的空間

凸出高台傾斜地，組合成2個筒狀的外觀。筒狀正面為大開口部，這間可眺望橫濱街道與綠意的房子，是經營尾澤設計一級建築師事務所的建築師尾澤俊一先生、敦子小姐的自宅。

「自宅與事務所在一起，以及將來母親的起居室，正是設計條件。略微不同的一點是，這現代化房間還擔負了給工作上的客戶體驗的作用。可以得知材料經年累月的變化，也添加了作為長壽住宅的設計與設備提議。」（俊一先生）

建築物是具有2個不同構造的筒狀空間，呈現錯開重疊的形式。1樓一部分與地下室是鋼筋混凝土打造的事務所區。1．2樓是鋼結構的住宅區，都是能對應隔間變更，不被柱子阻擋的長形大空間。筒狀的住宅區，配置套房式的LDK，上部則是閣樓狀的2樓寢室。筒狀正面是面對2層挑高的大開口部，捕捉每個季節推移的光線，可以眺望藍天與綠地。

經由玄關土間可通往地下事務所。為了將來當成父母世代的起居室，確保最低限度的隔間與給排水線路。另外，設置送風機使地下室冷氣與2樓暖氣循環等，不需仰賴大型電器設備，也能健全地維護建築物。

「技術面的提案對今後長壽住宅來說是極重要的要素，對於住居的想法與精神面，或許其實是更重要的一點。除了達到一定的住宅功能，更想重視居住者的心情。若覺得眷戀，不管對車子或房子，都會當成人對待呢」尾澤夫婦說。他們說，因為不想捨棄的念頭，打造了這間能夠長久居住的房子。另外，為生活與健康面的變化做準備，「並不是什麼都先做好擺著，而是有準備就夠了。畢竟作為基本的是現在的生活。」

為育兒期帶來餘裕的住商兼用住宅。並且，預料將來轉用為雙世代住宅，較少隔間的靈活運用空間裡，充滿了光線與舒爽的微風，夫婦倆和年幼的女兒在此度過無可替代的寶貴時光。

光與風通過連接地下室與1樓沒有踢腳板的樓梯。具備樓梯挑高的建築物東面水泥牆未作隔熱處理，目前正在調查蓄熱與散熱效果，及對室內環境的影響。

健康住居充滿了變化的光線與舒爽的微風

從地下事務所望向樓梯挑高。事務所為了能轉用為父母世代的起居室，只作最低限度的隔間，也安設了設備。樓梯與連接事務所和住居的玄關土間相連。

在不受柱子遮擋的筒狀空間自由地隔間

上下層的動靜，光與風穿越的鏤空式樓梯

連接1樓與地下室，沒有踢板的鏤空式樓梯，傳達上下層的動靜。除了1樓LDK的拉門以外，整間房屋幾乎沒有隔門，空氣透過樓梯挑高順暢地流動。

高性能的系統式廚房與簡易櫃台的組合

1 可眺望景色的面對型廚房。附加牆壁遮住手邊的簡易櫃台，與系統式廚房搭配。 2 天花板鑲進櫃台刻痕的原創飯桌。抽油煙機旁的水泥牆，比想像中更容易去除油污。

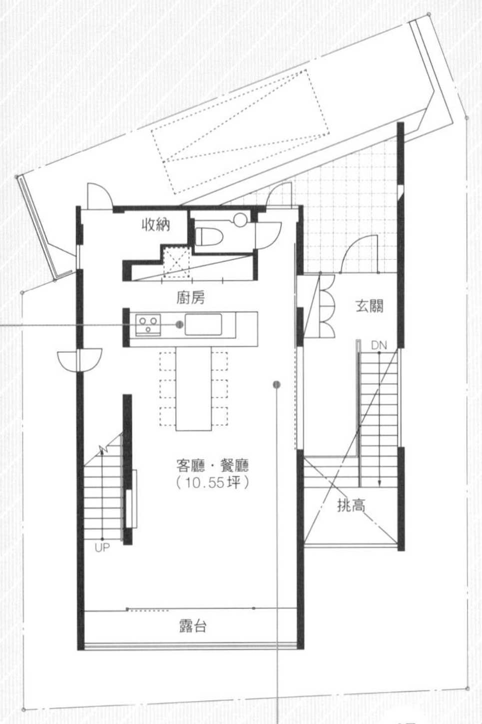

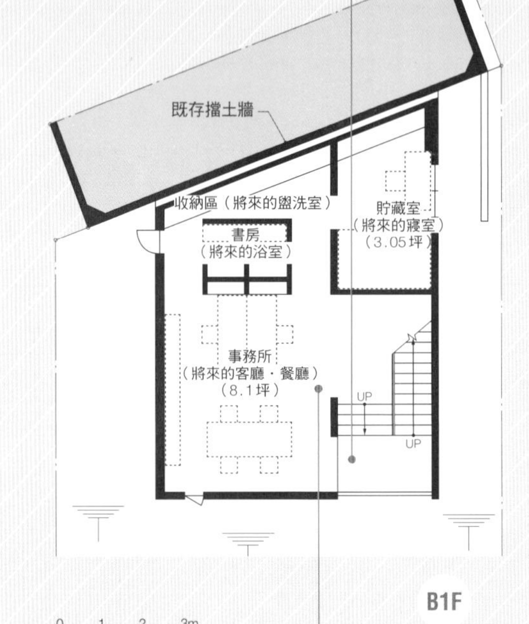

地下室空間配置的重點

可轉用為雙世代住宅的室內格局與設備

事務所所在的地下室，將來計畫轉用為父母世代的起居室。書房為了當成盥洗室・浴室，安裝了給排水管線。隔開的貯藏室則可當成寢室。另外，沒有踢板的鏤空式樓梯與1樓寬敞的玄關土間相連，和明亮的樓梯挑高同時傳達上下層的動靜。

1・2樓空間配置的重點

透過挑高可感受到上下層與家人的動靜

1樓LDK與2樓寢室，是透過挑高連接的立體型套房。寢室配合孩子成長，預定以可動式收納作為隔間。1樓的收納，以既成裝置收納的壁龕，或在廚房後面建造可當成倉庫使用的一區，防止物品露出。

納入傾斜地獨有景色的大開口

一踏進玄關，便可從大窗戶看見傾斜地的開放式景色。寬敞的玄關土間，是與用於接待客戶的LDK和地下事務所相連的緩衝地帶。「這是能與所有生活方式相對應的便利空間。」（敦子小姐）

未先做好擺置的簡單事務所空間

地下事務所預定將來轉用為父母世代的起居室。事務區作為客廳，左手邊的書房等則作為用水區與寢室。天花板高3m多，也對應提高地板高度的用水區變更。

DATA
所在地：神奈川縣
家庭成員：夫婦＋子女1人
構造規模：鋼筋混凝土＋鋼結構，地下1樓，地上2樓
地坪面積：138.52m^2
建築面積：154.25m^2
1樓面積：65.37m^2
2樓面積：36.72m^2
地下室地板面積：52.16m^2
土地使用分區：第1種中高層住宅地區
建蔽率：60%
容積率：150%
設計期間：2008年7月～2009年4月
施工期間：2009年5月～2009年11月
施工：菊嶋（キクシマ）

FINISHES
外部裝修
屋頂／防水板，FRP防水
外牆／壓模水泥板，光觸媒塗裝，水泥裸牆，氟樹脂塗裝
內部裝修
玄關
地板／瓷器材質磁磚
牆壁／水泥裸牆
天花板／AEP塗裝
客廳・餐廳・廚房
地板／3層炭化處理實木地板
牆壁／水泥裸牆，壁紙
天花板／AEP塗裝
寢室
地板／3層實木地板
牆壁／壁紙
天花板／無機質壁紙
盥洗室
地板／氯乙烯地面板材
牆壁／壁紙
天花板／無機質壁紙
浴室
地板・牆壁／瓷器材質磁磚
天花板／水系結霜防止塗裝
事務所（將來的父母世代LDK）
地板／氯乙烯地板磁磚
牆壁・天花板／AEP塗裝
收藏室／（將來的父母世代寢室）
地板／氯乙烯地板磁磚
牆壁・天花板／AEP塗裝
主要設備製造廠商
廚房設備／MICADO，林內
衛浴設備／INAX
照明器具／NIPPO，小泉
空調／大金
地板暖氣系統／SEAMLESS

ARCHITECT
尾澤俊一＋尾澤敦子
／尾澤設計一級建築師事務所

Sanitary

Dining

緊鄰寢室 舒適的衛浴設備

用水區配置在2樓寢室旁。離曬衣的露天平台也很近，整裝與家事動線簡短便利。洗臉台是一體成型的訂製品。沒有接縫的設計既漂亮，收拾起來也很輕鬆。

Planning Ideas
04

居住的室內格局

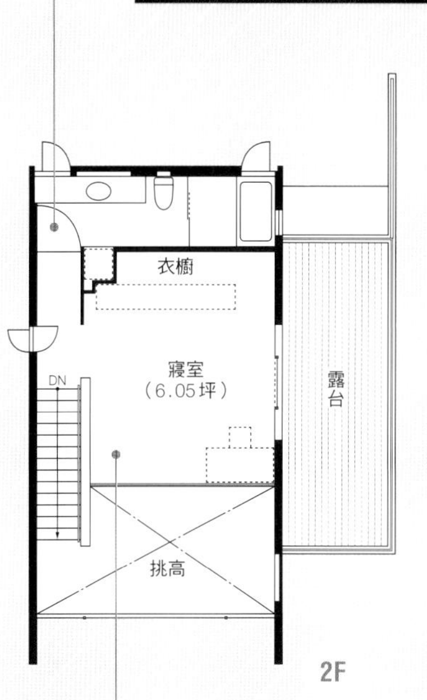

剖面圖的重點

讓空氣循環，使建築物長久保持健全的狀態

蓋在傾斜地，較少隔間的筒狀大空間，實現自由的室內格局與景觀，同時充分吸收太陽光與自然風。南面大窗戶這一側，考量到隨季節變化的太陽高度設置屋簷與袖壁。冬季連室內都能捕捉到陽光，夏季則遮擋直射日光，盡可能讓生活不倚賴空調。另外，經由挑高連接的立體套房的1・2樓，藉由冷氣與暖氣的比重差，產生自然氣流，促進重力換氣。夏季將地下室的冷氣送往2樓，冬季則將2樓的暖氣往地下室吹，讓空氣循環，實現流暢的空氣環境，防止結霜與發霉，使建築物維持健全狀態。

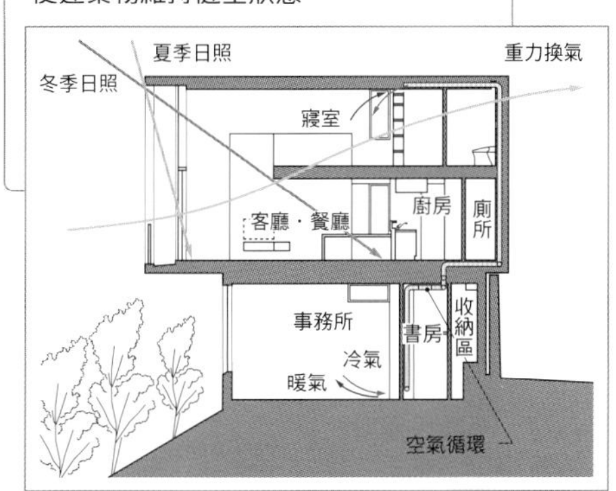

Bed room

藉由可動式收納 變更室內格局

2樓寢室藉由挑高與1樓客廳相連。可以隔著挑高眺望景色，是緊鄰露天平台的開放式空間。約6.05坪的房間供親子3人使用，將來預定藉由可動式收納分成2個房間。

2個屋頂平台中，面向客廳的那一邊擺置戶外用長椅作為休息場所。「我也是從這個露天平台觀賞月蝕喔」女主人說。夫婦倆也正在商量設置吊床。

系統式廚房為德國高級廚房廠商，Poggenpohl公司製。女主人從旅居德國時便已體驗過該公司高品質的廚房用具，買來當成「一輩子的東西」。

Planning Ideas 05

東京都・S宅
設計＝柏木學＋柏木穗波／Kashiwagi・Sui・Associates
家庭成員＝夫婦＋子女2人
地坪面積：210.61m^2（約64坪）
建築面積：170.77 m^2（約52坪）

不受環境變化左右 蓋在都市旗竿地的房子

夫婦倆刻意買下周邊皆是道路，亦有小巷的旗竿形用地。
室內格局讓生活能不在意周邊，維持良好的居住環境直到將來。

從客廳・餐廳，望向正面左邊是屋頂平台，右手邊是兒童房。為了避免孩子們關在房裡，當初設計的牆壁變更為安裝玻璃。

天花板最高的地方為4.8m。在「大容量收納」的要求下，廚房上方設置小型收納閣樓。配合忙碌又訪客多的生活風格，廚房設計採開放式。

從氣窗可以看見天空，明亮鮮活的客廳。家具在內部裝潢的顏色決定後，在朋友經營的室內家具店「Rigna東京」選購搭配。胡桃木的色調融合到空間裡。

不需在意周遭 悠然度日的房子

S宅位於有許多大學與專業學校的古老文教地區。沿著小巷子往裡邊走，便會看到一扇大格子門，一打開眼前是寬敞的土間。為了將車子停到旗竿形的用地裡，需要迴轉的空間，因而才有這個土間。「這塊地在最裡面，地價也比較便宜，能因此把費用省下來花在建築物上真是太好了。我的朋友現在也都在找旗竿地呢」女主人笑著說。

穿過微暗的1樓玄關，便是陽光灑落的2樓客廳。挑高上面整排的氣窗外是一片藍天。「完全不用在意周遭，生活中也不需要窗簾」男主人說。在見建築師柏木夫婦前，他們請其他公司提出設計計畫，得到客廳前面安裝玻璃的提案，卻不能理解「在被房屋圍繞的密集地為何要如此設計？」。而在柏木先生的設計中，周遭房子等在意的要素巧妙地從視野中去除，就連蓋在北側的集合住宅，若是不提起的話甚至不會注意到。相反地，在有空隙的方向設窗戶，能有效地截取風景。

常有訪客的S家，重視有著中島式廚房的客廳空間。「不只室內，也能在屋頂平台休息，因此朋友說：『在這間房子到處都能喝酒』(笑)」。當大人在休息時，孩子們就在下層土間盡情玩耍。他們得到安全的遊樂場所，搭帳篷玩露營遊戲等，計畫著快樂的遊戲玩得興高采烈。

享受與朋友交流，但另一方面，有工作的女主人極其忙碌，2個孩子都還在上托兒所。男主人認為繁雜家事的順暢動線也是必須條件。因此LDK與洗衣間，衛浴與兒童房集中在同一層。能有效率地育兒做家事，這樣的室內格局頗受好評。另外女主人說，以前造成生活壓力的「結露現象」不再發生也令人高興。空間、功能、性能圓滿兼具，讓一家人大大地滿足。

從兒童房隔著玻璃望向餐廳方向。2個兒子還在上托兒所，能看到他們玩遊戲的樣子就可以放心。等他們到了會在意隱私的年紀時，再裝百葉窗對應。

1 從1樓和室望向玄關。微暗的空間裡，腳邊的間接照明、正前方洗手區的聚光照明等，光線效果添加深度。 **2** 從土間看向玄關與和室。寬敞的土間，是倒車所必須的，同時也是讓孩子放心遊玩的場所。

獨占天空的明亮上層
與陰暗的下層形成鮮明對比

從主臥室入口附近，望向玄關方向。如同受到從樓梯上照射的光線引導般，直達客廳。藉由明暗的對比，強調2樓的開放性。

設置大量收納處 使玄關大廳保持整潔

在寬敞的玄關大廳，除鞋櫃外還附有1坪大的衣帽間。若打開和室拉門，便能化為一體變成更寬闊、豪華的接待空間。獨具個性的垂吊照明使光線不規則反射，創造出美麗的陰影。

讓客人留宿或舉行茶會的多用途和室

和室也計畫作為愛喝茶的女主人的茶室。並且為母親來幫忙照顧孩子時留宿的客房。也附有可當成洗茶器處使用的小廚房。

對周圍封閉 對內開放 在都市中 獲得舒適感

衣帽間 鞋櫃 中庭 洗茶器處 爐 和室（3坪） 大廳 UP 書房（1.4坪） 土間（9坪） 主臥室（3.95坪） 停車位 1F 0 1 2 3m

1樓空間配置的重點

可當成茶會時的院子與遊樂場所獨具特色的土間

在旗竿形的用地需要倒車的地方，因而在1樓設置寬闊的土間。土間可拉上格子門確保安全。當成孩子們的遊樂場所也能放心。也能當成茶室使用的和室，與玄關大廳成為一體，呈現非日常空間性。主臥室附有書房，衣帽間設置在鞋櫃旁。成為可在此迅速整裝打扮的環境。

2樓空間配置的重點

藉由2個屋頂平台與挑高的氣窗遠眺天空

以具有挑高及氣窗的客廳為中心，兩側配置用水區與兒童房。外圍不設大窗子，開放性面向屋頂平台與中庭式土間。廚房、食品櫃、洗衣間、可曬衣服的屋頂平台集中在一處，夫婦都有工作的忙碌生活，需要縮短家事動線來支持。兒童房準備了將來可以隔間的可動式家具與拉門。

Bedroom

可安穩入睡的寧靜寢室鄰接書房

位於1樓的主臥室。面向土間，有著大窗戶。附屬的書房，收納所有工作用的書籍類。衣服收納在離寢室一段距離的衣帽間裡。

被格子門保護的寬敞土間也是孩子的遊樂場

關上格子門，便是安全的土間。車子要迴轉時就把格子門完全打開。栽種的植物上方沒有屋頂，讓雨直接落下。「茶會時想當成『院子』準備」女主人說。

DATA
所在地：東京都
家庭成員：夫婦＋子女2人
構造規模：木造，地上2樓
地坪面積：210.61m²
建築面積：170.77m²
1樓面積：95.49m²
2樓面積：75.28m²
土地使用分區：第1種住宅地區
建蔽率：60%
容積率：160%
設計期間：2010年2月～2011年2月
施工期間：2011年2月～2011年10月
施工：菊嶋（キクシマ）
本體施工費：5,600萬日圓

FINISHES
外部裝修
屋頂／鍍鋁鋅鋼板直條紋隔熱板
外牆／彈性水泥樹脂，部分杉木板，XYLADECOR（木材保護著色劑，防蟲、防黴、防腐）塗裝
內部裝修
玄關大廳
地板／磁磚
牆壁／水曲柳合板，氯乙烯壁紙，馬賽克磁磚
天花板／壁紙
和室
地板／無邊塌塌米
牆壁／調濕膠壁紙
天花板／壁紙
主臥室、LDK
地板／橡木地板
牆壁／壁紙，部分水曲柳合板
天花板／壁紙
兒童房
地板／橡木地板
牆壁／壁紙，部分磁板
天花板／壁紙
浴室
地板、牆壁／磁磚
天花板／VP塗裝
主要設備製造廠商
廚房設備機器
系統式廚房／Poggenpohl
衛浴設備／TOTO、RELIANCE、大洋金物
照明器具／Luminabella、YAMAGIWA、遠藤照明、MAXRAY、Panasonic

ARCHITECT
柏木學＋柏木穗波
／Kashiwagi・Sui・Associates

兒童房因應需要 做好能馬上分割的準備

現在擺在牆邊的衣櫥為可動式。將它移動到細長的房間中央當作隔間，再加上已準備的拉門，就能完成房間的分割。天花板上的2條線，是拉門的軌道。

Planning Ideas

05

可長久舒適 居住的室內格局

屋頂平台與 面向庭院的開放式浴室

土間上方與屋頂平台，寬廣的浴室2邊設有窗戶，和2名子女一起入浴也有足夠的空間。土間栽種的植物成長後，就能從窗戶觀賞。

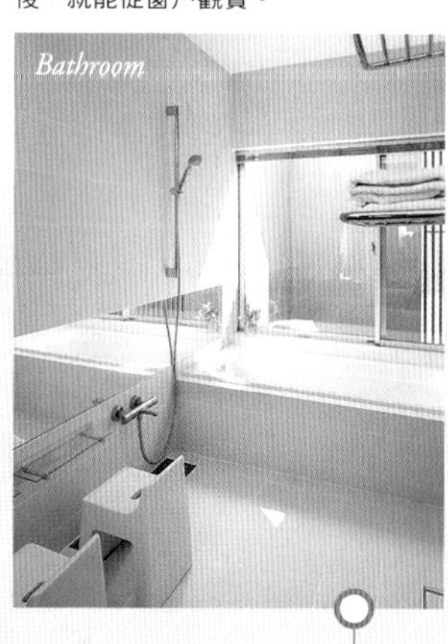

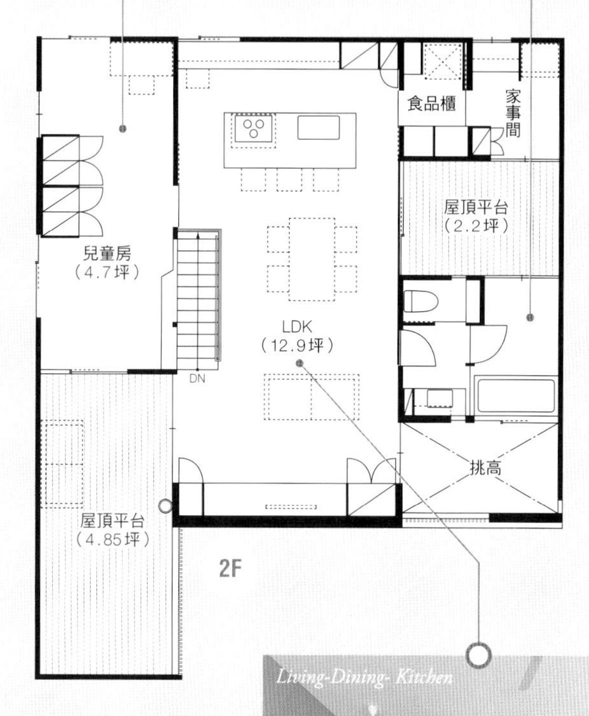

剖面圖的重點

重點在於氣窗 在密集地創造出 光與視線的缺口

南側的屋頂平台突出，下方作為車庫。露天平台的百葉窗保護隱私，也形成外觀上的點綴。2樓客廳部分當成高4.8m的挑高，在高處設窗子不被周圍的建築物阻擋，可使視野開闊並增加採光。廚房上方設置閣樓當作收納處。還可從閣樓通往屋頂。

藉由氣窗與挑高 充滿開放感的 休息場所

可對應大批客人的LDK附有2個屋頂平台。這是與周圍隔絕的屋外空間，可愜意地放鬆。照片深處的平台可從浴室進出，很適合一洗完澡在此乘涼。

增廣理想住宅的印象

打造住宅的基礎用語

在蓋房子時，知道便能派上用場的「住居法律」與「室內格局」的專門用語說明。

住居法律（日本國內）

【土地使用分區】 為了有計劃地使用市區土地，規定建築物用途與規模等的地域。在日本有12種，分成住居型7種、商業型2種、工業型3種地域。住居型的規定最為嚴格，但相反地居住環境可謂最良好。建在用地上的住宅面積，原則上藉由每種土地使用分區規定的建蔽率與容積率，來決定限度。

【建蔽率】 相對於地坪面積的建築物建築面積（所謂建坪）的比率。根據各自治體，每種土地使用分區都規定限制數值，限制用地內建造的住宅面積。

【容積率】 相對於地坪面積的建築物總樓地板面積的比率。藉由土地使用分區與前面道路面寬決定限制數值，限制用地內建造的住宅容量。

【建築面積】 各層地板面積的總合。可由地坪面積×容積率計算建築面積的限度。此外，對於車庫與地下室則放寬面積限制。

【斜線限制】 限制建造的建築物高度的規定之一。「道路斜線限制」從前面道路反側的界線，「北側斜線限制」為從北側鄰地界線5至10m開始處延伸一定斜度（直角三角形的底邊：高），在延伸的斜線上不得建造建築物。

DATA
所在地：神奈川縣
家庭成員：夫婦＋子女2人
構造規模：木造，地上2樓
地坪面積：153.63m²
建築面積：119.24m²
1樓面積：59.62m²
2樓面積：59.62m²
土地使用分區：第1種低層住宅專用地區
建蔽率：40%
容積率：80%
設計期間：2006年1月～2006年9月

在住宅實例報導最後一頁的建築物資料欄，記載了該物件的建築面積．土地使用分區．建蔽率．容積率。

室內格局

【出入口】 從門扉連接到玄關的迎賓路。可栽種植物迎接客人，計畫時需考慮行走時的安全性。若用地面對交通量與行人多的道路，可用較長的途徑確保隱私。

【開放式廚房】 廚房與餐廳不隔開的設計。特點是煮飯時也能看到家人的高交流性。不過，氣味、油煙與炒菜聲容易擴散，另外，調理中與收拾時的雜亂廚房很在意時，須在收納上下工夫。

開放式廚房的例子（S宅，刊在P056）

【中庭式房屋】 建築物中央附近有中庭的住宅總稱。從房屋中心到室內皆能帶來光線，即使面寬狹窄縱深長的房子也能確保整體亮度。另外，不需在意周圍視線，可利用的屋外（庭院）也是一大魅力。

【採光】 從窗戶等開口部讓自然光進入室內。根據開口部的方向、高度與大小，亮度與光線的進入方式各有不同。請配合房間的使用目的與使用次數研究採光方式吧。

【借景】 將用地外的鄰家庭院、山野與夜景等豐富風景，作為窗外景色。由於用地的限制而無法設計大庭院時是個很有效的方法。

【差層式】 指每半層皆錯開地板高度的構造。不設走廊牆壁，藉由高低差區隔空間，可打造立體套房式的室內格局。視線經由樓梯可達到遠處，也具有感受律動與廣度的效果。

差層式的例子（H宅，刊在P045）

【通風】 從戶外將自然風引導到室內，淨化空氣。重點是開口部要設在南北向，盡可能打造出讓風直接穿過的通道。設有高低差會更有效果。通風不良是發霉、長壁虱的原因，一定要充分思考對策。

【動線】 表示住居內人行動的路線，在打造舒適的室內格局時非常重要。原則上在整間房子要能非常順暢地移動，動線需簡短簡潔。在規劃室內格局時，請留意簡短的動線，研究起居室與設備的配置吧。

頂部採光的例子（山口宅，刊在P033）

【頂部採光】 從天窗採光。當周圍緊鄰建築物，從牆面開口部無法充分採光時是一個很有效的方法。不過，直射日光會使室溫上升或曬傷地板材質。最好配置在偏北方溫和地採光。

【泡澡賞景區】 浴室附設的小庭院。為浴室帶來開放感與亮度，提高洗澡時的放鬆感。另外，通風良好不容易充滿濕氣，還有預防發霉的效果。

【食品儲藏室】 鄰接廚房的收納庫。主要用來保存食品，收納使用頻率低的調理器具與食器類。用來保存食品時，需選擇不容易受到外部空氣溫度與濕度變化影響的地方，並確保通風。

【挑高】 橫跨2層以上相連的空間。因天花板很高，可獲得開放感而受到歡迎。若把客廳作為挑高與各個房間相連，即使家人分別待在不同房間也能感受到彼此的動靜。

挑高的例子（尾澤宅，刊在P050）

【家事間】 洗衣機、工作桌、收納櫃、廚房門等具備家事作業功能的房間。巧妙地組合浴室、廚房、曬衣場讓動線縮短可減輕家事負擔。

從13個實例中學習

打造「長久舒適生活的房子」之室內格局與動線提示

追求長期生活住居硬體的高性能・高耐久性。同樣地，對室內格局的滿意度也是重要要素。
方便舒適的住居自然使人眷戀，有助於維持舒適的居住環境。
在此，將介紹看準變化的生活與生活舞台的「長久舒適生活的房子」。

整理・撰文＝畑野曉子（P063-069）　建築師的聯絡方式請看P166-167。

從家人的生活思考**客廳**與**餐廳**的連接方式

配合孩子成長的**兒童房**設置方式・使用方式

使早晚生活動線順暢的**個人房**與**收納室**的連接方式

對應一切生活舞台的**無障礙空間**

容易重新整修的**盥洗室・浴室**的設置方式

設置和室與**嗜好房**等寬裕的空間

為將來預測的**周遭環境**變化作準備

從家人的生活思考

客廳與餐廳的連接方式

每個人想要的空間各有不同，如開放式廚房或使心情平穩的客廳等。
不被既有概念束縛，從生活風格思考的LDK關係使住居更舒適。

攝影＝黑住直臣

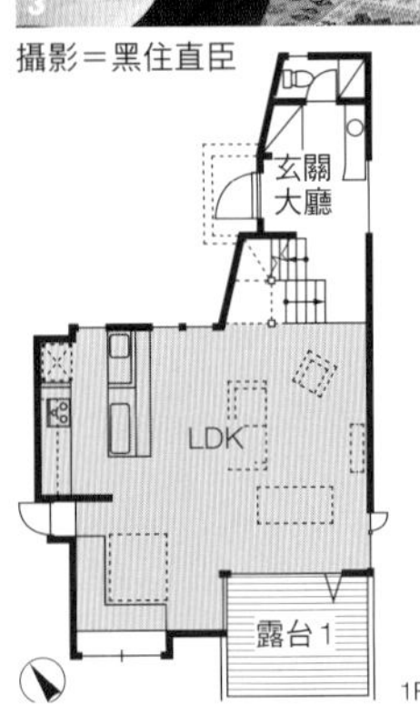

1 融入客廳的木質廚房。採用不需抽油煙機的換氣扇等，設備擺設得像不突出的家具。 2 感覺景色就在身邊同時又被牆壁包覆，具有安心感的餐廳。 3 在大型套房中設置休閒區的LDK。

Case 01

促進家人交流 開放式風格的LDK

設計＝半谷仁子／A.P.S.設計室

LDK是沒有隔間的大型套房。開放式廚房便於讓孩子幫忙，調理時親子的溝通也很順暢。在開放式的空間中，設置靠近腰壁的餐廳與樓梯下的長椅等各有風格的區塊。雖是一整個空間，卻有別具風趣的地方，家人可感受彼此動靜，各隨己意生活。另外，也思考讓開放式廚房融入客廳。桌面為木製，吊掛式櫥櫃的樑柱同樣塗成深褐色。

攝影＝石井雅義

Case 02

通往餐廳與後院的動線 是順暢的半封閉式廚房

設計＝向山博／向山建築設計事務所

以差層式連接的客廳·餐廳。隔壁是壓低天花板高度的廚房。半封閉式廚房位於連接後院與餐廳的直線上，具有出色的功能性。視線可以看到相鄰餐廳裡的家人。另一方面，又可遮蔽來自客廳的視線。低一層的客廳具有令心情沉穩的氣氛。雖是幾乎沒有隔間的LDK，但藉由地板高度、區域劃分與天花板高度的變化，使每一區都產生舒適感。

1 可靈活運用的正方形飯桌是LDK的中心。右手邊是廚房，低一層的地方是客廳。 2 左手邊深處是浴室。可繞向廚房、衛浴、用水區。 3 半封閉式廚房設有窗戶，感覺明亮。

配合孩子成長的 兒童房設置方式・使用方式

家庭成員與生活風格會逐年變化。兒童房的用途與隔間具可變性，從孩子成長期到獨立後皆精準預測計畫

Case 03

也對應將來的第二客廳。與客廳・餐廳相連的兒童房

設計＝河野有悟／河野有悟建築計畫室

登上客廳的螺旋樓梯便通往有著孩子書桌區的DEN。透過書桌腳邊的牆壁，孩子的動靜也能傳達到餐廳。從DEN往上爬數階是細長的兒童房。為了在將來分成2個房間而在兩端設置出入口。簡單的收納家具也是可動式。另外，最上層的兒童房與DEN的隔間採用聚碳酸酯（PC板）。將光線送往樓下。經由挑高與客廳相連的兒童房，日照良好，也很適合作為將來的第二個客廳。

1 登上客廳的螺旋樓梯通往3樓兒童房。 **2** DEN是兒童房的前室。設有書桌區，可多用途使用。書桌正面的隔間採用PC板。 **3** 位於最頂層南邊明亮的兒童房，將來可分割成2個房間。

攝影＝黑住直臣

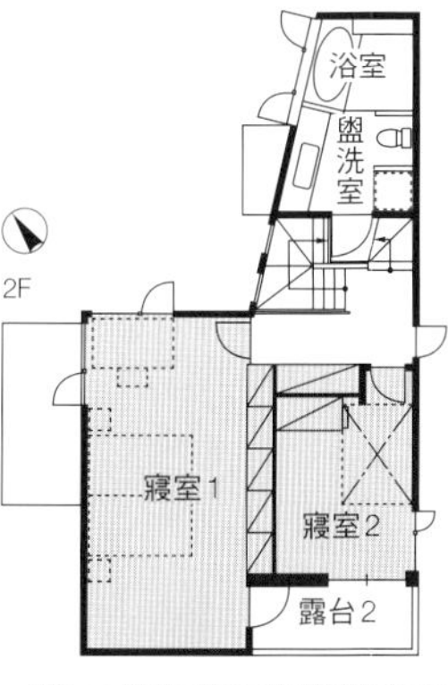

Case 04

藉由可動式衣櫥 靈活變更室內格局

設計＝半谷仁子／A.P.S.設計室

夫婦與1個孩子的住居。約7坪大的寢室1，將來若又生了孩子可分成2個房間使用。這時，現在當成兒童房使用的寢室2將作為主臥室使用。寢室1的衣櫥為可動式，也能當成隔間，不用大工程就能輕易地變更室內格局。另外，配置在2樓東南角，景色佳的兒童房，在孩子獨立後也可當成嗜好房或客房使用。

攝影＝黑住直臣

1 位於東南角的2樓兒童房。閣樓附有收納區，變成天花板高度具有變化的歡樂空間。**2** 南北細長約7坪大的主臥室，將來也考慮分割成2個房間。到那時，也考慮到讓南邊光線也能從氣窗到達北側房間。

使早晚生活動線順暢的
個人房與收納室的連接方式

便於使用的收納計畫讓家裡沒壓力。多餘空間的活用、個人房與收納室、用水區以迴遊動線連接，讓每天家事順暢完成。

1 地板高低差區隔LDK的開放式格局。位於房屋中心的開放式廚房整理得很整齊。**2** 設在後面的後院隱藏了廚房的生活感。**3** 客廳地板下的收納區將日用品一應收拾。

攝影：黑住直臣

Case 05

集中收納在1樓主要生活空間使生活動線小巧

設計＝莊司毅／莊司建築設計室

協助育兒與家事的開放式格局。地板有著高低差的LDK由挑高連接。同時也實現不容易呈現生活感的空間。比1樓地板高度高1層的客廳，有著大型地板下收納區。廚房後面是擺置家電與食品的後院。更裡面是洗衣間，家事動線也很順暢。1樓主要生活空間與主臥室，收納配置得極具功能性，即便將來變成夫婦倆的生活，依然便於運用。

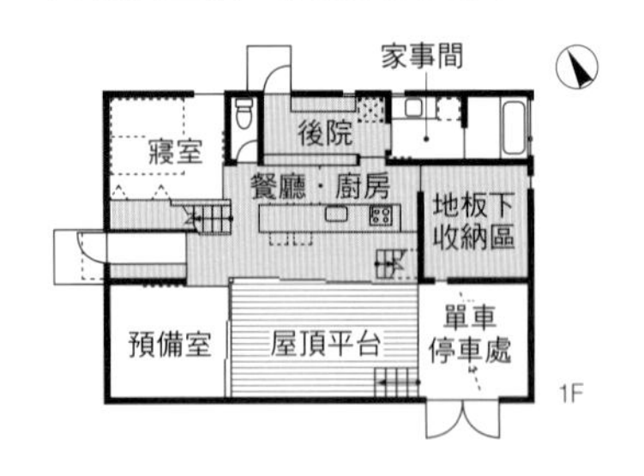

攝影：黑住直臣

1 盥洗・家事室與浴室平台相連，曬衣服時很方便。衣櫥也很近，折衣服收納也很輕鬆。**2** 與寢室直接相連的盥洗・家事室設有2個出入口，產生迴遊動線。**3** 寢室裡設置寬敞的衣帽間。

Case 06

整裝打扮與家事順利進行寢室・收納・衛浴集中配置

設計＝小野喜規／小野設計建築設計事務所

根據「經常使用的地方可從2個方向出入」這樣的設計理論，主臥室與衣帽間、盥洗・家事室以迴遊動線連接。平常當成後院使用的家事室，在此也位於日照良好的2樓東南角，非常舒適。洗衣・曬衣・收衣服等一連串家事的作業空間都集中在一起，能有效率進行。另外，盥洗・浴室與寢室也很近，早晚整裝打扮與照顧年幼的孩子也很方便。

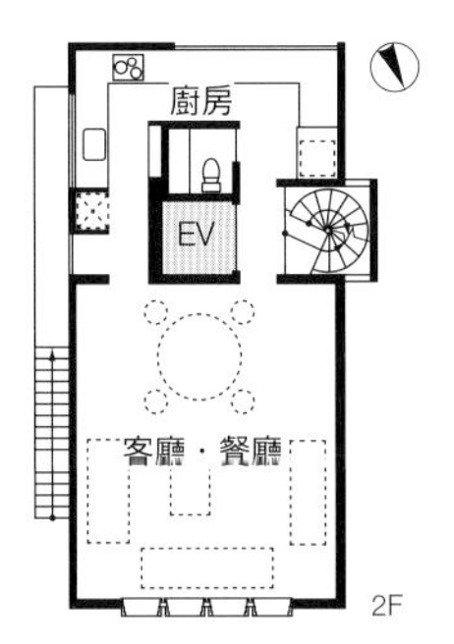

對應一切生活舞台的
無障礙空間

擾亂室內協調感的庸俗電梯不會令人喜歡。希望一直維持舒適的住居，以具備設計感的無障礙空間設計來實現。

攝影＝石井雅義

Case 07

電梯收在核心的4層都市型住宅

設計＝彥根Andrea／彥根建築設計事務所

建築面積約18坪，地下1樓、地上3樓的都市型住宅。考慮到將來，在這4層設置無障礙化的電梯。住居中央以容納電梯的箱型貫穿。以這個箱型為中心，2樓客廳・餐廳與廚房被隔開，同時產生迴遊動線。另外，電梯箱型的潤飾每一層都不同，維持室內的統一感。

1 2樓電梯箱型考慮到與客廳・餐廳的協調，採用胡桃木合板潤飾。3樓採用白色面材。**2** 收納與廁所也收進電梯箱型中。以這個箱型為中心產生迴遊動線。

容易重新整修的
盥洗室・浴室的設置方式

每天使用的用水區，在住居中是最想重新整修的地方。長年使用的刮痕與頑強的污垢十分顯眼，因此易於打掃與修繕是重點所在

攝影＝石井雅義

1 起居室容納在大箱型中，緊鄰的小箱型是設備棟。**2** 連接起居室棟與設備棟的樓梯間。個別房間的門與上推式牆面收納的門，與牆壁一體成形的設計非常俐落。**3** 2面採光的明亮浴室，通風良好非常整潔。洗臉台完全採用不鏽鋼，也容易收拾。

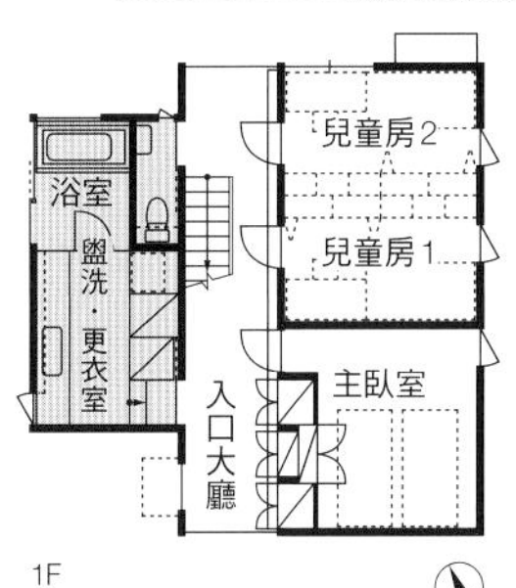

Case 08

集中用水區的設備棟將來容易重新整修

設計＝森清敏＋川村奈津子／MDS一級建築士事務所

組合大小箱型的建築物結構。因斜線規定而有高度限制的西北側，容納起居室的主要部分並設有附屬的設備棟。這個小箱型容納浴室・盥洗室與收納區等部分。與起居室棟的構造及區域清楚分隔，將來也容易對應預測的用水區重新整修。另外，功能部分集中在別棟，實現寬敞的客廳。

設置和室與嗜好房等
寬裕的空間

小巧的住居也能誕生和室與嗜好房。為了對住居有眷戀之情，靈活的空間利用使空間更有餘裕

攝影＝牛尾幹太

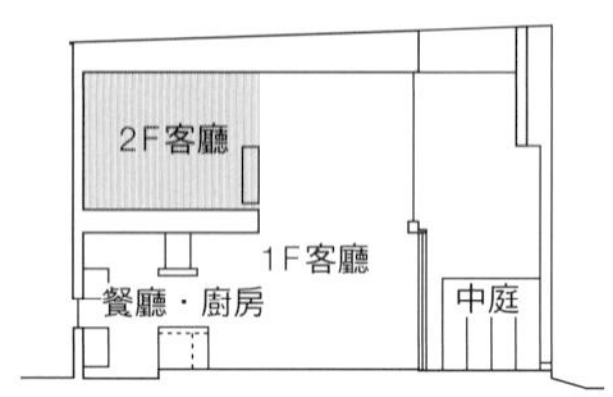

1 第二客廳，是被腰壁與外頭設置的圍牆包圍的私人空間。腰壁部分是容納簡易書桌的固定式收納區，可當成書房使用。2 寬敞的土間客廳。餐廳裡面是塌塌米區。

Case 09

打造土間與第二客廳等「用途自由」的空間

設計＝橫山敦士／橫山設計事務所

與餐廳・廚房相連的土間，是以半戶外的感覺使用的第一客廳。另一方面，面向土間上方挑高的2樓第二客廳是被腰壁包圍的私人空間，可當成書房使用。此外，可靈活運用的塌塌米區與嗜好房也可應用在客房等，開放式的LDK附加的小巧寬裕空間，產生令人眷戀的豐富住居。

Case 10

利用地下空間實現嗜好房 時光流逝的寬裕都市型住宅

設計＝彥根Andrea／彥根建築設計事務所

主題是在孩子獨立後，享受夫婦生活的房子。為了以大音量享受喜愛的音樂，採用高隔音效果的地下室。雖然在地坪面積有限的都市住宅中使用地下室很有效，但之後的增建・改建非常困難。這裡從一開始加入計畫中的地基調查也很周全。另外，還設法消除地下室的閉塞感。在天花板設置隙縫獲得與外部的連結。

攝影：石井雅義

1 施加媲美音樂餐廳隔音效果的地下室。確保相當於上層客廳的空間。牆面作為固定式收納區使用。收藏數量龐大的唱片與喜愛的小東西。

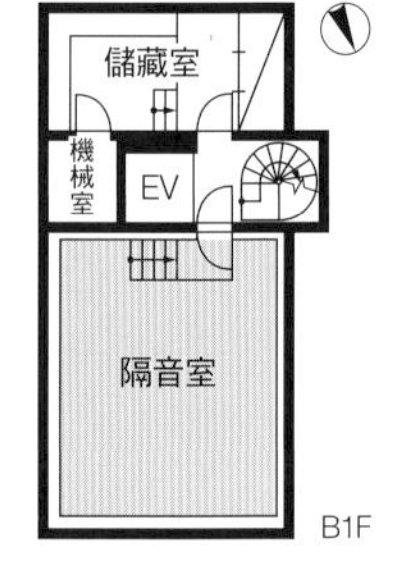

1 混凝土土間也可當成車庫使用，但終究是當成房間設置，現在作為書房使用。2 當成客房使用的和室。兩側有可以完全拉進來的塵土窗，開關拉門可當成開放式空間，也可作為密閉式空間。

攝影＝石井雅義

Case 11

對應多元生活風格 活用和室與土間空間

設計＝向山博／向山建築設計事務所

連接外部的土間空間，在各種場面中都很活躍。若附加在小巧的玄關便為入口處帶來廣度，若添加當成起居室的舒適感，則變成嗜好房與工作區。與車庫直接連結，也能用於整備愛車或展示空間。另外，若要設置另一間個別房間，則推薦和室。不當客房使用時也能作為休息空間，將來也很好運用。

為將來預測的
周遭環境變化作準備

在街景變化劇烈的日本住宅區，因應周遭環境變化的計畫是重點所在。實現對街道與自然開放，同時確保隱私的舒適住居

Case 12
半戶外式的2座露台 和緩地連接內與外

設計＝直井克敏＋直井德子／直井建築設計事務所

以蓋在廣闊用地上的平房為基本的房屋。南側緊鄰公寓，因此下工夫遮蔽視線。建築物偏北，南側配置公共花園。居住空間被有著牆壁的南北2座露台包夾。南側露台的牆對LDK部分開口，面對道路側與個人房前則是封閉。鄰家緊鄰的北側露台是牆壁封閉的私人花園。藉由半戶外式露台使開放感與隱私並存。

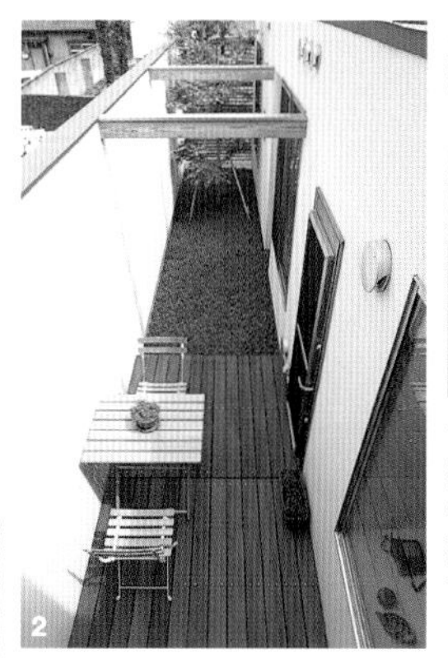

1 客廳上方為2樓建築。俯瞰挑高可以看到LDK南北兩側的露台。2 被牆圍住的北側露台。白色牆壁反射光線，擔負讓室內變亮的作用。3 南側露台在牆上設開口與百葉窗，成為和緩地連接內外的緩衝地帶。

攝影＝石井雅義

書房
露台
客廳・餐廳
露台

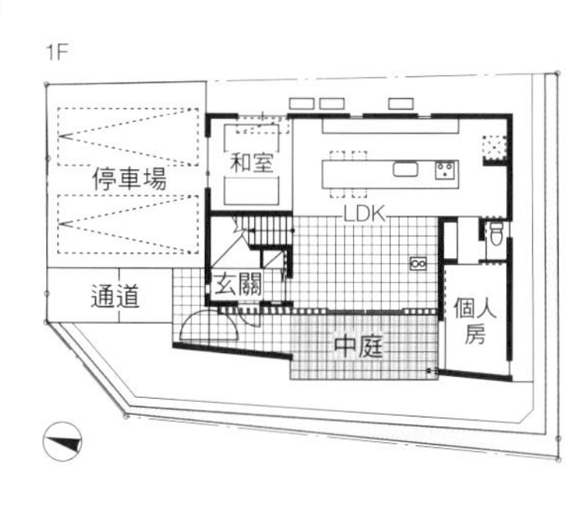

1 蓋在西北方拐角地的房子。右手邊沿著西側道路是一片綠油油的行道樹。空出用地的一角使街景產生餘裕。2 從土間連接的中庭是內外的緩衝地帶。如同與行道樹連接配置的植物與上方牆壁，雖然對外開放但也適度地圍住，具有安心感。

攝影＝牛尾幹太

Case 13
利用用地的高低差與周圍的綠意 對外開放也能遮蔽視線

設計＝橫山敦士／橫山設計事務所

用地西北邊的拐角地。與西側道路之間有高低差，因此建築物偏南邊，北邊則設停車場。起居室以有著挑高的客廳為中心，面向整排行道樹的西側道路配置。用地比道路高出一段，種植植物與行道樹相連，遮蔽外頭的視線。另外，連接面對行道樹的中庭與土間客廳的半戶外式緩衝地帶，雖對外開放，但替室內帶來像被包覆般的安心感。

[PART 3] 環境的舒適度竟然有這麼大的改變

經由設計圖的巧思來享受環保的生活

在現今建築的領域方面上，「環保」成為重要和必要而不可或缺的關鍵字。
然而，即使說「享受環保的生活」「環保的建築方式」，
它所代表的實際上是一個相當廣的範圍，內含許多各式各樣的方法
像是回歸大地而使用自然的建築材料或者是最大限度的利用陽光及氣流這類自然的力量……，
經由在設計圖上所設立的巧思，就能建造出節省能源的住宅。
必要的是，利用現在這個機會來仔細思考「到底能做到甚麼程度」、
「環保」的生活及住宅的願景。

構成／文章 松川繪里（P072-089）、畑野曉子（P090-101）
攝影／黑住直臣（P072-101）、坂下智廣（P099的※）
建築師的聯絡方式請參照P166-P167

Planning Ideas 01
以太陽能發電及外斷熱工法讓三個樓層全變得更舒適

東京都・A宅
設計＝庄司 寬／庄司寬建築設計事務所

Planning Ideas 02

在冬天體驗木炭爐的溫暖 在夏天感受涼風的流動

神奈川縣・小寺宅
設計＝伊礼智／伊礼智設計室

Planning Ideas 03

透過中庭與高窗來導引光線和風 讓人放鬆下來的中庭式住宅

神奈川縣・S宅
設計＝杉浦英一／杉浦英一建築設計事務所

Planning Ideas 04

利用垂直的空間規劃 為都市住宅帶來光明

神奈川縣，H宅
設計＝長坂 大／Méga

Planning Ideas 05

無論冬天夏天，通風管道 使住宅更加涼爽舒適

東京都・T宅
設計＝二瓶 涉＋山田浩幸／
TEAM LOWENERGY HOUSE PROJECT
（チーム・ローエナジーハウス・プロジクト）

透過花園草坪看見客廳及用餐處。南側所設置的大型固定窗引導陽光，保持室內溫暖。右下角則可以看到地下室寢室所設置的高邊窗。

Planning Ideas 01

東京都・A宅
設計＝庄司 寬／庄司寬建築設計事務所
家庭成員：大人4人，子女5人
地坪面積：171.51㎡（約52坪）
建築面積：163.95㎡（約49坪）

經由設計圖的巧思來享受
環保的生活

以太陽能發電及外斷熱工法讓三個樓層全變得更舒適

藉由外斷熱材料包裹鋼筋水泥，實現舒適而溫暖的居家環境。
透過搭載太陽能蓄電裝置，更能與向上提高的節能意識互相聯結。

走過整齊緊湊的LDK，經由往庭院的開放性加上挑高的空間，讓人感受到超過想像的寬敞感，透過左側內部玄關處的玻璃，鄰家的綠景盡入眼簾。LDK的家具選用特別訂製木質較為柔和的白楊木來製作。並在LDK內鋪設地板暖氣系統。

從玄關門廳抬頭眺望，透過上部並列的天窗，讓人無法想像是房屋北邊的明亮度。天窗玻璃貼附抗UV貼片以遮斷紫外線，走廊地板的巧思是選用強化玻璃，讓自然光從上面傳達至地下室。

客廳裡內建的長椅底下，可作為儲存空間來利用，少了擺設型家具整體空間變得更清爽，水泥牆上以杉木板黏貼，來表現出木頭的質感。

活用水泥建材的特性，越住越舒適的住宅

A小姐的丈夫對鋼筋水泥式建築有所憧憬，在購買土地之後，利用樂高積木來打造自己構想中的住宅，作為可以被託付夢想而被選中的是一位可以完美結合建築手法與理想的建築師——庄司寛。

A小姐所希望的是裝設有太陽能發電系統的節能住宅，關於這一點，為了充分利用兼顧氣密性及隔熱性的鋼筋水泥式建築的優勢而採用外斷熱工法。冬季的時候建築物會儲存陽光帶來的熱，而南面的大型玻璃窗及北側的天窗會引導陽光的直射。託這樣的福，在大白天的時候不需要開暖氣就可以很舒適。經由日照提升溫度的地板及牆壁，直到晚上的時候還會持續放熱。而在氣密性與隔熱性良好的建築物當中，人或是電器所產生的熱能也可以被作為暖氣空調來使用。因此，像挑高連結1樓及2樓的A宅，即使使用如此開放的建築方式，也可以一點一滴的節省能源並且保持室內溫度的舒適。

追求建築物設計性的庄司先生對於太陽能蓄電板的安裝方式也很有職人的堅持，以建築物整體來看，被三面牆壁所包夾的空間當中以盒狀設計的2樓給人漂浮的印象。2樓的形狀和太陽能蓄電板正好緊貼在一起，更進一步把蓄電板細微調整為較不顯眼的角度。

以A小姐的情況來講，以260萬日圓（約4kw）的發電系統來說，可以從政府或是地方自治團體那邊獲得100萬日圓左右的補助金。「從控制面板上確認發電量以及電力的使用狀況，並關閉浪費能源的照明設備」，現今節能意識逐漸高漲。扣除發電的電量七月的電費約為六千日圓左右，作為一個全電氣化住家的大家庭來說，電氣瓦斯費用少得嚇人。依照月份不同也會有賣電或買電的情形。但是在東日本大地震之後，女主人的想法也有所改變。她說「比起自家的節省電費，還是以考慮社會狀況的省電更為重要」

在這溫暖的環境之下安穩地過了一年，男主人說道：「住越久就更讓人感受到居家環境更加宜人」，接近「能源可以自給自足」的理念也並非遙不可及。

1 從餐廳通過挑高樓層仰望學習區域。2樓的扶手牆也可以作為書櫃使用。水泥造的牆壁受到從天窗的太陽直射所蓄積的熱能，在晚上也會持續的提高室內溫度。**2** 經由移開露台的視線，增加了整體空間的伸展度。

為了讓光線滲透到樓梯之下，使樓梯不要遮蔽到水平視線，樓梯採骨架式的排列，以單邊鑲嵌入牆壁而成。開放式的玻璃玄關使視線望向門外的綠景。想要不在意公眾眼光的時候則可以把設置在玄關旁的拉門給關上。

在生活中
透過來自天窗的陽光
感受自然的恩惠

1樓和2樓以較少隔間牆而呈一體性的空間，前廳成為光線和空氣流通的空間，經由外斷熱工法的效果提高了水泥式建體的儲熱能力，整體環境的溫度因此更為安定，像這麼大的空間也可以很舒適。

從兒童房往學習空間望過去，2樓有特別設置兒童專用的洗臉台及廁所，廁所則大膽的以玻璃做設計，平常以拉下百葉窗來使用。

兒童的房間以靈活的想法來設計，男生用及女生用的空間大略的被劃分開來。依情況不同可經由改變家具的擺設來應對各種空間上的需求。透過連接天花板的管線，空調效果可以擴散到整個樓層。

經由開放性及穿透性的設計，光線及通風交互往來

出色的收納及洗衣動線，明亮易用的衛浴設備

繞過洗手台的後面，是收納衣服以及放置洗衣機的場地，連結著不會被外人瞧見附有屋簷的曬衣場，減輕了洗衣服的負擔。浴室南面設有大窗，打開百葉窗使人有身處露天浴場的感覺，因為陽光直射的關係，使得浴室乾燥的快也不易生長黴菌，容易保持清潔。

經由開放式衣櫥的輔助，玄關保持光鮮亮麗

設置玻璃流行風格的玄關，在照片中看見的鞋櫃另一邊，左手邊設計了方便整理的開放式衣櫥，拉上鞋櫃對面的拉門既能保護隱私，也能提升冷暖氣的效果。

一整年室溫最安定的地下室最適合設為寢室

期望地下室舒適溫暖的環境，將地下設為寢室。房間上半部因為暴露在地上，採光以及新鮮空氣也不成問題。「又安靜又舒適，真的是做對了」男主人說。

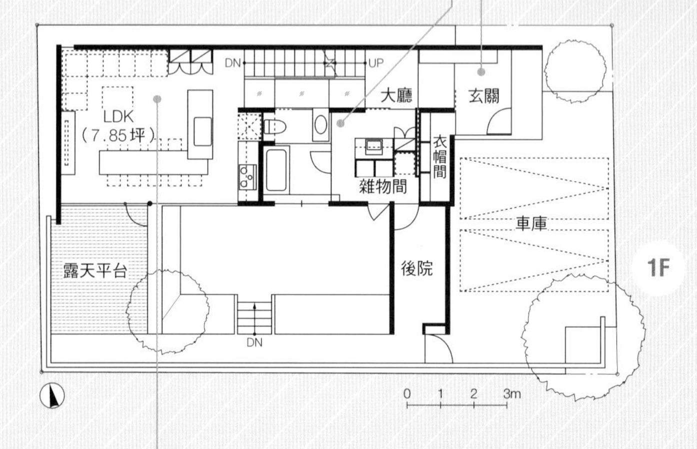

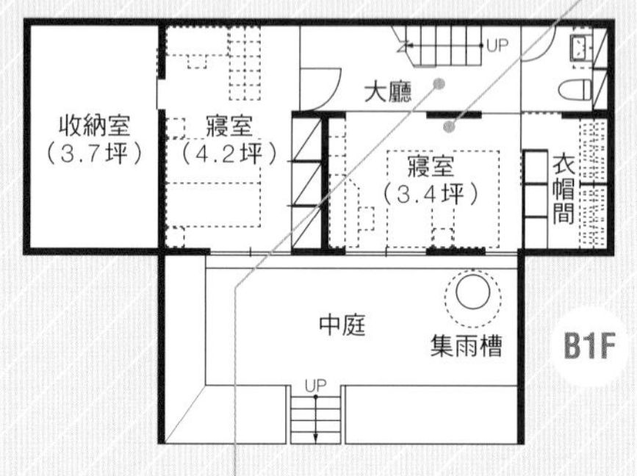

經由天窗，光線可以達到地下大廳

透過1樓走廊的強化玻璃，從天窗接收柔和的太陽光也可以傳達到漆黑的地下大廳，兼顧舒適度，以及節省照明所需要的電力。可感受到地下室與1樓連結性的這部分也相當不錯。

讓交流的進行更融洽，開放式的LDK

雖沒特別寬敞約只有8坪大小的地方，廚房以開放的中島型設置，家具也為內建而讓人感到清爽，挑高和往玄關庭院的開放性也相當吻合，感覺相當寬敞。

DATA
所在地：東京都
家庭成員：大人4人＋子女5人
構造規模：RC鋼筋造地下1樓地上2樓
地坪面積：171.51㎡
建築面積：163.95㎡
地下室面積：40.76㎡
1樓面積：68.59㎡
2樓面積：54.60㎡
土地使用分區：第一種低層住宅專用地區
建蔽率：40%
容積率：80%
設計期間：2009年5月～2009年11月
施工期間：2010年1月～2010年9月
施工單位：黑潮建設

FINISHES
外部裝修
屋頂／FRP防水外斷熱工法
外牆／外部斷熱工法外部粉刷，FRC斷熱電盤捨棄型同時打入＋潑水劑
內部裝修
LDK，寢室，讀書空間，兒童房，盥洗室
地板／橡木地板特注色
牆壁／水泥＋粉刷漆
天花板／水泥修補＋粉刷漆
浴室
地板、牆壁／陶瓷馬賽克磁磚
天花板／水泥修補＋耐水光澤漆
主要設備製造廠商
廚房製作／SSI
廚房設備／PANASONIC、富士工業、中外交易、GROHE
衛浴設備／TOTO、INAX、GROHE
照明器具／YAMAGIWA、小泉、PANASONIC、KECK
太陽能系統／SHARP（太陽能電板發電出力4.0kw）

ARCHITECT
庄司 寬／庄司寬建築事務所

和客廳挑高面連接的共同讀書區

和個人房間不同，與客廳挑高面接觸的地方，設置了學習的空間。以圍繞著大桌子，大家一起學習的型態，也能和樓下的家人平穩地對話。

空間配置的重點

通過大廳，周遭充滿光和風，大家族的三層計畫

一邊解決嚴格的建築條件，包含地下的三個樓層，確保了九個人使用的空間設計。
安靜且溫度穩定的地下室為大人的寢室，1樓做為衛浴以及LDK，利用玻璃的設計得到明亮感及寬敞度。兒童空間的3樓，以客廳挑高連結的區塊作為共同學習室。將來設計與兒童房連接，增設牆壁後五位小朋友都有各自的房間。1.2樓的東西向為細長型且中間障礙物不多，使視野可以一目瞭然，讓人有寬敞的感覺。

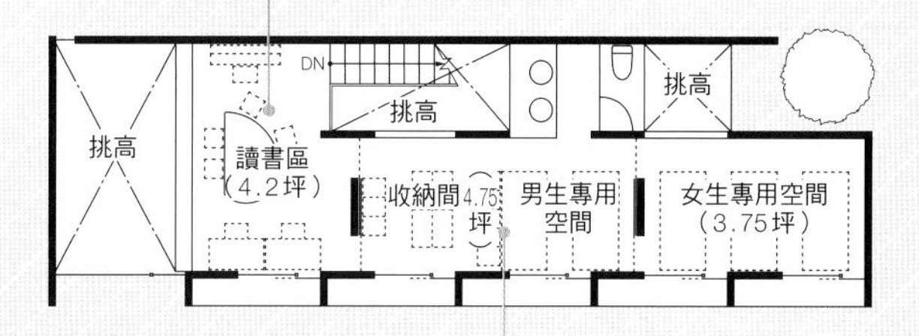

就這麼實踐 環保的生活

以外斷熱工法及地下室的利用「省」能源 以太陽能發電及太陽熱度「創造」能源

鋼筋水泥建築物外側採用隔熱材質及隔熱工法，通過這些可以活用水泥的特性使建築物容易蓄積熱能，使冷暖氣相關的能源消費可以被抑制，所採的就是這種想法。冬季從南方開口以及天窗直射的陽光使地板和牆壁升溫，發揮暖房效果，經由屋頂上太陽能蓄電板的設置來自宅發電，即使全電氣化電費也少得嚇人。加上把寢室設置在冬暖夏涼的地下室，減少使用空調也能睡得很舒服，這點也很成功。

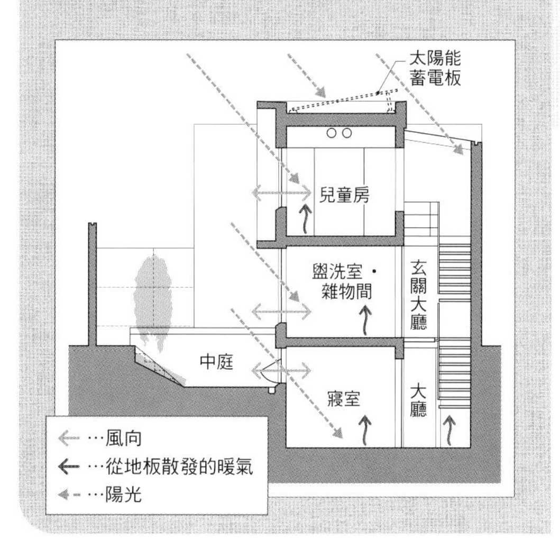

可以對應多人的兒童房

東西向細長延伸的兒童房，家具可以自由的佈置。計畫在未來需要單人房的時候，包含讀書空間在內，增加分隔牆壁可改造為五個單人房。想像改造成五個單人房之後2樓設置了五個相同的窗戶。

經由設計圖的巧思來享受

環保的生活

從北側露台往用餐區及客廳望去，以清爽及開放性為重點的裝潢手法，讓人想像不到這居然是只有6.25坪大小的空間。Shaker Design的木柴燃燒爐為長野的工房「山林舍」所製作的，經由燃燒爐所加溫之後的熱空氣，從挑高空間傳達到2樓，使整個家裡都可以感受得到。

1 房子建在視野較佳的建地北側，圖為往家屋方向延伸的露台。從開放的玄關可以欣賞到對面的綠景。左側的木製拉門作為後門，打開之後和設有寵物浴缸的泥地互相連接。
2 以三和土和馬賽克磁磚完成的玄關地板。左側的門後面則是作為收納外出用品以及愛犬用品的小倉庫。

Planning Ideas

02

神奈川縣・小寺宅
設計＝伊礼智／伊礼智設計室
家庭成員：夫婦＋愛犬
地坪面積：188.18㎡（約57坪）
建築面積：82.18㎡（約25坪）

在冬天感受木炭爐的溫暖 在夏天感受涼風的流動

利用簡易的空氣循環構造搭配木柴燃燒爐，
夫婦倆充分享受各種生活的小住家

北側被作為可以觀覽美景的客廳，有設計一門巨大的窗戶。木製的建材和牆壁融合為一體，一直有風吹過客廳使人感到涼爽舒適。

不管在任何地方都能享受到微風輕拂的舒適感覺

Planning Ideas

02

經由設計圖的巧思來享受環保的生活

1 1樓樓梯下面的空間成為愛犬小雛的房間。在樓梯旁的分隔牆上面開了一面小窗戶，留下了空間互相連結的印象。
2 雖然女主人沒有特別訂作廚房，卻大聲稱讚廚房便利又好用。「透過客廳可以觀賞到外面的景色，感覺很舒服」。廚房左手邊則是連結後門以及寵物浴缸。

就連外出派的夫婦也變得愛待在舒適的家中

「丈夫和我明明都是外出派的，但待在家裡的生活感覺卻越來越棒」小寺先生的太太如此笑著說道。在一個偶然的機會在葉山這地方買了土地，即使知道會增加不少通勤的時間，卻讓小寺先生也贊成的原因是，因為迷上了當地豐饒的自然環境以及美麗的景觀。

南北向較長的不定型建地的北側有著綠油油的斜坡地，並與對面的山景寬廣地合為一體。負責設計的建築師伊礼智決定把建築物往這片美景當中靠攏。經由客廳北側大窗戶的開放，木造露台銜接了屋外和室內的景色。相對的在南側寬闊的庭院，果斷的決定不設置和北側同樣的大型窗戶。當初為了窗戶的事情相當煩惱的小寺太太，現在卻已經對室內的明亮度以及舒適性感到非常地認同。

在房子裡實際體會到的寬闊感，顛覆了建築面積只有82平方公尺讓人有「小房子」這先入為主的觀念。天花板高度與面積的平衡，把門拉上就可以讓視線一覽無遺的空間配置，減少了凹凸及邊線的白色裝潢，再和戶外的開放感受等等效果互相呼應，而產生無法用具體數字所表達居住上的舒適感。

使人感到相當意外的是：取材當天濕度明明很高，在現場到處都感受得到微風吹拂，完全感覺不到一點炎熱。「來我家玩的人，都對房間這麼通風感到驚訝，透過窗戶的高低組合來改善通風，這點是開始住進來才了解的」

家中空氣循環的建築工法也是小寺一家住宅的優點。透過天花板挑高提升上下空間的一體性，經由設置簡樸的通風管線，促進冷暖氣流動。在夏天已經證明了它的實力，而在即將到來的冬天，也期待著做為主要暖氣設備的柴火燃燒爐效果是否出類拔萃。

風的流動及柴火的熱作為房屋內冷暖氣的基礎，甚至可以被稱為原始的生活方式，恰巧地與愛好在大自然中生活的小寺夫婦作完美的接合。使人腦中不禁浮現出「簡單就是最好」的字樣。

2樓的和室，雖然只有約1坪左右的大小，包含衣櫃的空間總和1.5坪，還是可以把腳伸直睡在這邊。打開紙窗後面則是客廳挑高的天花板。

衛浴設備則設在2樓，再使用上抗濕氣強的椹木板與深灰色的馬賽克磁磚，不管哪扇窗戶都可以觀賞到綠色自然美景的環境，使人羨慕至極。

主臥室。右側的紙窗打開時加速上下樓層的空氣循環，看到的黑色長條狀是來自1樓燃燒爐的煙囪。左側牆壁裏側則是衣櫥，空調的管線雖然已經配置完成，但是目前還沒有裝設。

Planning Ideas

02 經由設計圖的巧思來享受 環保的生活

Kitchen

連結後門和外面泥地，視野良好的廚房

作為對面式的廚房，享受透過客廳的寬闊視野。水槽下面的開放式垃圾放置區可對應各式分類的垃圾。即使廚房變雜亂也有阻隔板使其從外看進去也較雅觀。

和露台連結後獲得視野的一體感

簡潔的用餐區及客廳內以圓桌為主軸，營造出寬敞的生活型態。經由露台與室內交界30公分的高低差，除了視野良好也可以坐在上面。

Living-Dining

利用空氣的循環感受寬闊感的空間手法

經由敞開的拉門，玄關更加舒適

小寺家所挑選的建築組件包含玄關在內，清一色選用拉門。打開玄關拉門並只拉上紗門，就會吹起涼爽的微風，平常夫婦倆進出大多使用後門，而正面的玄關主要是給客人進出的。

Entrance

就這麼實踐 環保的生活

結合通風與單純的空氣循環裝置，並搭配炭火燃燒爐

透過大窗戶搭配上空間配置的巧思，夏天的通風也相當地出色，不依賴空調裝置也能使環境相當舒適，做為主力暖氣設施的炭火燃燒爐的頂部達到挑高天花板，連2樓也可以體驗得到熱氣環繞，更採用能加強空氣循環效率的換氣風扇，換氣風扇為一種簡單的裝置，在冬天可以將暖氣從2樓送到1樓，夏天則可以將1樓的涼風輸送到2樓。「在濕氣多的日子，啟動風扇讓整個空氣進行循環」小寺先生用心地活用著。

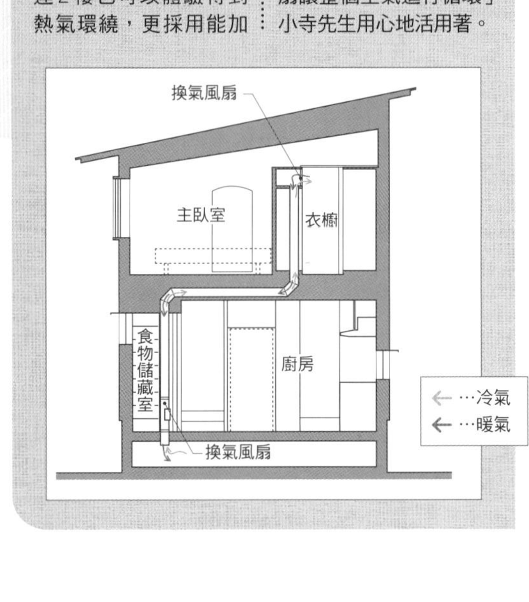

DATA

所在地：神奈川縣
家庭成員：夫婦＋愛犬
構造規模：木造、地上2層樓
地坪面積：188.18㎡
建築面積：82.18㎡
1樓面積：41.70㎡
2樓面積：40.48㎡
土地使用區分：無指定，第四種風致地區，住宅建地施工區域
建蔽率：40%
容積率：100%
設計期間：2010年4月～2010年12月
施工期間：2010年1月～2011年7月
施工單位：安池建設工業

FINISHES

外部裝修
屋頂／鍍鋁鋅鋼板構造
外牆／橫紋杉木板
開口處／木造建具，鋁窗框
內部裝修
玄關、儲藏室
地板／3D馬賽克磁磚
牆壁、天花板／Venus Coat塗裝
廚房
地板／軟木磁磚
牆壁／一般磁磚
天花板／Venus Coat塗裝
客廳、餐廳、寢室
地板／紅色松木地板
牆壁、天花板／Venus Coat塗裝
曬衣間
地板／3D馬賽克磁磚
牆壁，天花板／杉木板
和室
地板／榻榻米
牆壁／Venus Coat塗裝
壁腰／木材裝飾板
天花板／Venus Coat塗裝
衛浴間
地板／3D馬賽克磁磚
牆壁、天花板／日本花柏木板
浴室
地板／3D馬賽克磁磚
牆壁／日本花柏木板
壁腰／3D馬賽克磁磚
天花板／日本花柏木板
主要設備製造廠商
廚房設備／特別訂製（設計：伊礼智設計室）
衛浴設備／TOTO，INAX
照明設備／PANASONIC，MAXRAY，YAMAGIWA，山田照明，ODELIC
暖氣設備／木柴燃燒爐
換氣設備／換氣管風扇（三菱換氣扇）

ARCHITECT

伊礼智／伊礼智設計室

Sanitary

梳洗時也可以享受屋外美景，讓人感受到設計者用心的盥洗室

2樓走到底的盥洗室的窗戶也可以眺望豐饒的綠景，移動式的鏡子設計為洗手台上方的窗戶，需要使用的時候只要拉上即可便利地使用。從這些小細節的巧思當中開始每天的愜意生活。

空間配置重點

為小家庭悠哉生活所精心構思的設計圖

將客廳配置在適宜觀景的北側，透過強調露台的連結感使空間整體感覺更寬闊。為了愛犬散步或從海邊遊玩歸來時可以馬上替寵物洗澡，設計了與玄關區隔開來的後門及有儲藏室的寵物清潔區，連結廚房與玄關而使動線更加靈活便利。2樓的構成以可做為招待賓客住宿的和室加上外觀美麗的用水區。寢室內的一部份用衣帽間做區隔。鄰接南邊通風優良的曬衣間使家事動線運作起來更合適。

敞開的窗戶及通風良好的木板浴室

被傾斜天花板所包覆的浴室內，可加熱式的浴缸給人一種輕快的印象，這邊的窗戶也能眺望屋外的美景並兼顧通風的效果。日本花柏製的牆壁及天花板，有種讓人被樹木包圍的安心感。

Bathroom

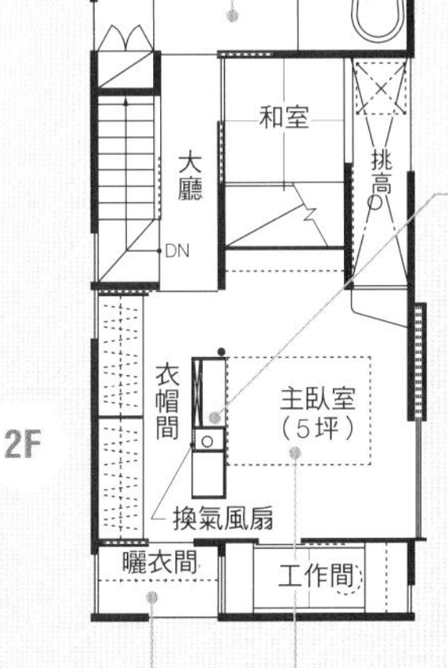

Closet

附有衣櫥及書房等功能的主臥室

寢室當中還附有一間為女主人設計的工作區域約0.75坪的小書房，與刻意做成有如茶室般的入口做連結。寢室的一部分用收納櫃區隔出衣帽間（如上圖）。埋在收納櫃中長條格狀的地方則是連結1樓地板底下換氣風扇的入風口及出風口。

Bedroom

Laundry

透過日照與通風，衣物更容易乾燥的曬衣間

女主人因為受到花粉症的影響，春季時必須讓衣物在室內曬乾。所以設計了這間朝南的曬衣間，地板以耐水性強的馬賽克磁磚搭配吸水性佳的杉木天花板。與衣帽間連結這點也提供了相當的便利性。

打開客廳全部的窗戶以後，與中庭的環境融合為一體，使人感受更加寬敞。將大空間整個包覆的是單邊露出椽木的天花板。

1 從客廳的角度望向中庭，可以看到對面的寢室及兒童房，體驗視野及環境的一體感。 2 深藍色鋼板外牆搭配上木製的玄關大門給人一種休閒的氣氛，與S先生一家所帶來年輕的印象相當搭配。

經由設計圖的巧思來享受
環保的生活

Planning Ideas
03

神奈川縣・S宅
設計＝杉浦英一／杉浦英一建築設計事務所
家庭成員：夫婦＋子女2人
地坪面積：260.81㎡（約79坪）
建築面積：158.14㎡（約48坪）

透過中庭與高窗來引導光線和風 讓人放鬆下來的中庭式住宅

完全不用在意周遭視線而包圍住中庭，以大型木造建具來做開放設計。
夏季透過高窗使熱空氣流出，冬季則可以將陽光引入室內。

客廳及用餐區的上半部，利用傾斜屋頂下的空間作為工作區域，使用積層材的椽木，為了使木質紋路緩和的展現出來而塗上顏色較淡的白漆。

從閣樓的工作區往客廳及中庭處往下望，中庭所鋪設的木板的露台，和室內一樣都不用穿鞋子就可以通過。與室內高度連接的關係所以不會產生違和感。

工作室以橫向設計了一系列的辦公桌及書櫃，並以男主人興趣為主的機車相片、書籍、迷你模型做為裝飾。看得見以排熱及採光而設計的高窗。

蜻蜓蝴蝶會來造訪的中庭是小小自然生活的一部分

Planning Ideas

03 經由設計圖的巧思來享受環保的生活

相較於活用木材質感所建造的大天花板，其他在牆壁、天花板之間使用白色的壁紙，兼具層次感之外也使很有份量的空間，整體看起來更清爽。

可以光腳在上面跑步或是直接貼坐在上面的中庭，對育有子女的S宅來說利用價值相當大。已預先設置好夏天用來固定遮陽篷布的鉤子。待幾年後庭園樹木茁壯，將會有舒服的樹蔭。

有著多樣化樂趣的中庭是大自然能量的受容器

大概受到放置在中庭花盆的引誘，不知道什麼時候蝴蝶就被吸引過來。五歲的小主人把圖鑑放在膝蓋上，與母親的臉依偎著。就連蜻蜓也常常靠近的這個庭園，朝天空望去，除了一片天藍之外沒有別的阻礙，感受到完全私人化的空間。

在約少於80坪一點點的建地，位於立體停車場的北側，S先生夫婦兩人希望在這樣的條件之下區隔出生活的空間。期望蓋出不拉上窗簾也能自在生活的中庭式住宅。在網路上尋找到的建築師是杉浦英一。透過中庭式建築的圖片作為契機，向他提出了委託。

將客廳、餐廳和廚房安置在日照充足的北側，南側則分作一間間的個人房，東側為盥洗清潔區搭配上西側的車庫，將中庭整個包圍住，分隔中庭與室內的地方設置大型木造的雙滑門。鋪設露台的中庭，換句話說也就是沒有「屋頂的房間」。透過開放拉門使中庭和室內的區隔消失，可以將中庭與室內一體化來運用也是其中的魅力。

而內部設計的亮點在於包覆整個空間的天花板與等間隔並排的椽木，為了使木材可以被看得見，所以屋頂的隔熱工程得做比較淺。採用聚氨酯泡沫塑料來確保建築物的隔熱性。

做為建築外觀特色之一，是將單邊的屋頂內的天花板產生高低差。預想透過在挑高天花板那一側安置窗戶，使中庭吹進來的風可以往上流動。而在冬季時陽光則可以進入客廳較深而溫暖地面，期待白天可以不必使用地面暖氣裝置就可以達到溫暖的效果。

「周末的黃昏時段，全家人一起在中庭內用餐，兒子開心地表示『就好像在露營一樣呢』，而晚上橫躺在中庭露台上往上遠望，一覽無遺的夜空有如自己的東西一般」女主人如此敘述著。搬來這裡幾個月後，已經發現了不少在中庭享受的方法了。

試著打開從車庫通往中庭的拉門，由於中庭與車庫的來往相互連結之便，使愛車的維修保養作業也更加的便利，紅色的愛車及藍色的建築外觀成為明顯的對比。

在中庭接收自然風的涼爽和太陽的溫暖

Court

可以在鋪設的木板上赤腳行走的中庭

中庭選用耐久性優異的龍腦香木材來鋪設，作為室內延長的空間使用，景觀植物的姬沙羅樹在夏天的時候有茂密的綠葉提供樹蔭，冬天時則使樹葉掉落讓陽光透射進來。

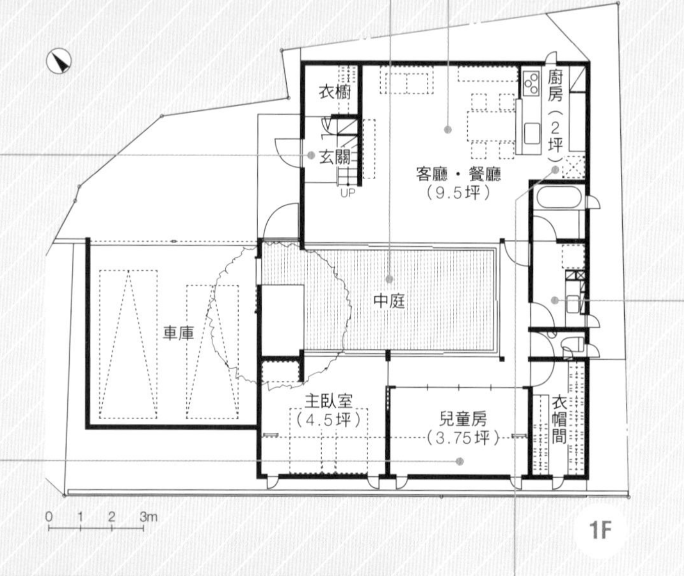

Living-Dining

享受與庭院融合的一體感接受自然的療癒

透過搭配變化之後，挑高的天花板與開放性中庭連結，建造出令人感到舒適的LDK。與2樓的工作室直接連接在一起。堅持統一選用木質紋路較佳的自然素材製成的家具，使得身心得以更加放鬆。

Kitchen

在做家事時可把握家中狀況的廚房

視野可穿越客廳、中庭到達房間，有如司令台一般的廚房。一邊做家事的時候也可以精確掌握小孩子的動向。為了使視線無法從客廳往廚房內部觀看，設置了阻隔視線的檯座。

Sanitary

衛浴區的隱私度相當高

人造大理石設計的盥洗室充滿了清潔感。因為收納架內藏於鏡面當中所以並不會給人有雜亂的印象。即使在整體開放性較大的住宅中，衛浴區的隱私也確實地做到了。

DATA
所在地：神奈川縣
家庭成員：夫婦＋子女2人
構造規模：地上2樓
地坪面積：260.81㎡
建築面積：158.14㎡（算入容積率則為126.51㎡）
1樓面積：129.16㎡
2樓面積：28.98㎡
土地使用分區：第一種低層住宅專用地區
建蔽率：50%
容積率：100%
設計期間：2010年1月～2011年8月
施工期間：2011年1月～2011年6月
施工單位：中川工務店

FINISHES
外部裝修
屋頂、外牆／鍍鋁鋅鋼板
內部裝修
玄關
地板／磁磚
牆壁／壁紙
天花板／LVL材、椴木合板
LDK、工作室、寢室、兒童房
地板／橡木地板
牆壁／壁紙
天花板／ LVL材、椴木合板
盥洗室
地板／塑膠地板
牆壁、天花板／壁紙
主要設備製造廠商
廚房設備機器／松下、富士工業、PAMOUNA
衛浴設備／TOTO、INAX
照明器具／松下、MAXRAY

ARCHITECT
杉浦英一／杉浦英一建築設計事務所

就這麼實踐 環保的生活

透過窗戶的高低差引導空氣的流動 從中庭引入日照

往中庭傾斜的單邊屋頂是S一家住宅的的特徵。設置在屋頂裡側的2樓與挑高天花板的1樓做連接。設計上是為了要使從1樓窗戶吹入的風往2樓的高窗流動出去，讓室內的空氣做循環。中庭側邊屋簷設計較短，為的是在冬季可以引導陽光進入客廳，減少暖氣設備的使用。夏天則利用屋簷旁設鉤子來固定遮陽用的篷布，來達到避暑的效果。為了使獨具巧思的天花板完美呈現，必須使屋頂的隔熱設計得更薄，所以在這方面則採用了隔熱性質良好的聚氨酯泡棉。

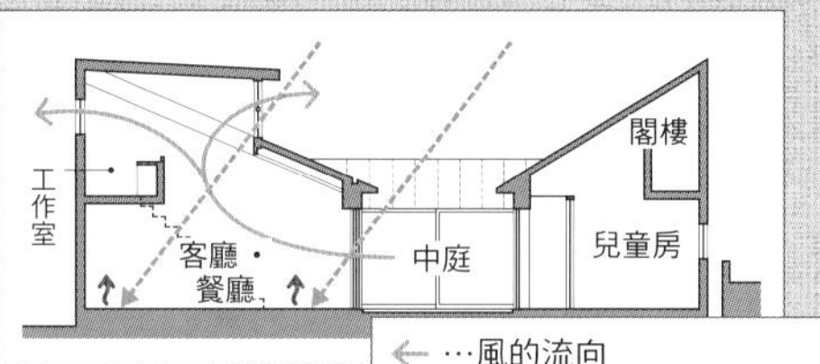

空間配置的重點

透過中庭來連接住宅的公共及私人區域 安穩的配置

因為建地的南側為立體停車場的關係，所以用圍繞中庭式的住宅來遮蔽來自停車場的視線。透過房屋外圍只有小窗戶的設計使得住宅內部環境讓人更能安心。中庭則大膽地採用落地窗環繞的開放式設計。
將LDK和玄關設置在日照良好的北側，而南側則作為私人房間。如此完成公私區域的分別，而衛浴設備則設置在兩棟樓層連結的區域。被隔開的兩個樓層透過中庭的連接成為一體化的大空間。

Entrance

婉轉區隔並且可看見中庭的玄關

玄關的樓梯與客廳的上部空間連結的關係，使間隔距離較為和緩。開門進入玄關之後視線馬上引導到中庭，照片正面的門後則是約1坪大的衣櫃，而在樓梯下的空間也兼具收納的效果。

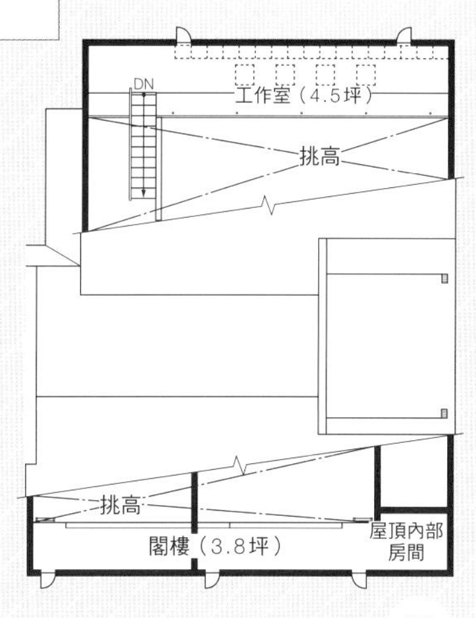

2F

Planning Ideas 03 經由設計圖的巧思來享受 環保的生活

Children's room

Children's room

透過紙拉門可以靈活運用的兒童房

兒童房計畫在將來會被分成兩間個人房。並附加上可以作為儲藏室的閣樓。拉上紙拉門後可作為獨立性高的房間使用，而打開時則和中庭、客廳自然形成一體的空間。

陽光反射至白色牆面，使中庭明亮。以圍繞中庭的型態，分配1、2樓的各個房間。面對中庭的玻璃部分使用複數層的落地窗，開口部則是選用有隔熱效果的木造門具。

由餐廳往中庭望過去，照片右邊是客廳空間，中庭正對面的房間則是寢室，利用時間較長的LDK為了吸收南方的日照，所以設在中庭的北側。

利用垂直的空間規劃為都市住宅帶來光亮

金屬的外觀和明亮的中庭，在與高聳的建築比鄰的環境當中，完成了讓夫妻倆可以在充滿回憶的地方安穩生活下去的住居。

Planning Ideas 04

經由設計圖的巧思來享受
環保的生活

神奈川縣・荻原宅
設計＝長坂 大／Méga
家庭成員：夫婦
地坪面積：140.94㎡（約43坪）
建築面積：199.33㎡（約60坪）
施工費用：4,540萬日圓（去稅後）

舊萩原家留下之前和診所一起並用過的痕跡，所以天花板高度稍微偏高。面對中庭窗戶左側部分則是拉門。因為考慮到隔熱方面的需求，所以在中庭的兩個出入口各設了一道拉門。

從餐廳看過去的客廳與玄關。玄關與1樓的室內可以透過拉門及內側窗戶的開閉來調整整體連結的感覺。外部地板與橡木地板分別顯現出各個空間的個性。

雖然周圍封閉，卻可以使人感受到光與空氣流動的住宅

經營牙醫診所的萩原夫婦，在把事業交付給兒子之後想要找一個新的地方平靜地生活。建地位於牙醫診所最初的開業地，距離現在診所的位置非常近也很便利，從車站徒步約五分鐘就可以到達。雖然位於被高樓環繞的商業地區，住宅和診所合併其實也是可以的，但是，男主人選擇追求的是「寧靜的生活」。在與舊識的建築師長坂大討論過後，便委託他設計足夠生活的兩層樓式建築。

夫婦兩人希望的是無障礙的空間，加上不被都市環境影響，仍可保有良好的日照及通風。但是建地周圍並沒有打開窗戶就可以享受的景觀及陽光，所以長坂就提案沿著建地在住宅上設計三個垂直的立體空間。其中之一為中庭，剩餘以玄關挑高處及衛浴設備為核心。在整體計畫當中有效地為兩人減少支出的負擔。預計將一樓當作夫婦兩人的生活空間，而二樓作為日後牙醫診所還所時的暫時醫療處，或作為未來兒子媳婦的住處等預備用途。

面朝北邊道路的挑高玄關，是可以兼併未來暫時診所入口的半公開場所。而夫婦兩人的生活空間則在玄關的拉門後面。餐廳、客廳以及寢室皆設計成面對中庭來配置。「經由設計為垂直空間的挑高玄關以及中庭，會影響到自然風流動的方向，只要稍微一有偏差，室內空氣就不太會流動」長坂如此說著。萩原家的中庭配置於建築的中央靠東側，玄關靠西北端，而設有通風用的狹縫型窗戶的衛浴設備則設置在西南側。這樣的設計就可以捕捉到陽光及空氣的流動了。

當初對於房子周圍幾乎沒有窗戶而不安的萩原先生也如此說道「為了通風所設置的小窗可以將氣流光線引導進來，只要稍微打開窗戶風就一直吹進來，連光線都比想像中還來得明亮，實在太驚人了」

適應土地環境及生活規模，節省成本並兼顧未來。環保住宅為荻原家的第一要點。

光線可以透入的客廳及餐廳，地板用橡木材、天花板則選用杉木材，牆壁是使用椴木板做收尾。在被木質建材的包圍之下成為了令人感到安穩舒適的空間。

透過玄關內外挑高，充分引導柔和的陽光

1 透過2樓環繞露台的白色牆壁反射陽光，明亮地照亮室內。照片左手邊玻璃窗後面為1樓玄關的挑高部分。 **2** 玄關部分是作為1樓的生活空間及2樓（未來的暫時診所）之間的緩衝地帶，成為了半開放式的場所。從挑高處玻璃傳導進來的陽光照亮了玄關的地板，使人感受到半戶外的氣氛。

Planning Ideas

04

經由設計圖的巧思來享受

環保的生活

從自由空間的南側看過去，右手為中庭、正前方門後則是樓梯間及1樓玄關的挑高處。北側的露台則因為設有內外挑高來捕捉日照的關係，看起來十分地明亮。

被雙重的垂直空間所包夾，感受得到風的場所

客廳的一部分內窗，經由開閉與兼具採光與通風的玄關做連結。被玄關及中庭包夾的LDK在北側及東側都有設計通風用的小窗，即使建築外層被遮蔽，風也會透過各種管道往裡面吹

透過雙重的門具達到隔熱效果的開口處

中庭玻璃以複數層的落地方式設計，開口處則是設置木造門具。以開口處較大的1樓來講，在室內及室外兩側設有雙重門具來提高隔熱的效果，再加上1樓外側與2樓外側都有採用這種門具來達到隔熱的效果。

1F
玄關大廳
UP
LDK（15.9坪）
中庭
寢室（5.2坪）
衣櫥
鄰家
（停車場）
鄰家
0 1 2 3m

都市住宅當中使光和風兼得的垂直空間

私人空間為了避免陽光直射，設置在中庭的南側

1 寢室設置在中庭的南側，透過中庭溢出溫暖的陽光，舒適地從睡眠中甦醒過來。拉門後面則是大容量的衣櫥。 **2** 生活動線上家具及窗沿部分設有欄杆，對應無障礙空間。 **3** 浴室內設有通風效果的縱長窗戶，而在南邊的小窗只要打開的話，往南北向的風就會直接吹過。衛浴設備則作為由上下樓層給排水配管設施的核心。

空間配置的重點

藉由中庭創造出空間的收縮以及用途分配上的調和

設計於建築物東側偏中央的中庭，在垂直的長方形創造出細長的空間，而在1樓面對中庭的客廳及餐廳，透過與這細長空間的連結，蛻變出一個讓人感到舒適的大型空間。而在2樓方面，面對中庭的三個區域將來也預計分為診所的診療室、等待區以及辦公區。現在衣櫥的位置則為了可以改造成衛浴設備，而從1樓將排水管線連結起來。然後1樓以無障礙方針而設計的生活空間，在生活動線的重點區域以及各式家具上，都設置一體化的欄杆可供支撐。

DATA

所在地：神奈川縣
家庭成員：夫婦
構造規模：鋼結構，地上2樓
地坪面積：140.94㎡
建築面積：199.33㎡
1樓面積：101.04㎡（扣除外圍）
2樓面積：98.29㎡（包含露台）
土地使用分區：商業地區
建蔽率：80%
容積率：400%
設計期間：2009年2月～2010年6月
施工期間：2010年1月～2011年4月
施工單位：大同工業
施工費用：4,540萬日圓（本體工程＋去稅）

FINISHES

外部裝修
屋頂：鍍鋁鋅鋼板
外牆：鍍鋁鋅鋼板

內部裝修
玄關、大廳
地板／砂漿研磨等
牆壁、天花板／EP塗裝
客廳、餐廳、寢室
地板／橡木地板＋WORKS塗裝
牆壁／椴木板＋OSCL塗裝
天花板／杉木板
廚房
地板／橡木地板＋ urethane塗裝
牆壁／椴木板＋OSCL塗裝＋鍍鋁鋅鋼板
天花板／杉木板
2樓房間
地板／橡木地板＋WORKS塗裝
牆壁／椴木板＋OSCL塗裝、EP塗裝
天花板／EP塗裝
盥洗室
地板／橡木地板＋ urethane塗裝
牆壁／APE塗裝、花崗岩
天花板／杉木板＋防腐塗裝
浴室
地板／花崗岩
牆壁／APE塗裝、花崗岩
天花板／杉木板＋防腐塗裝
露台
地板／磁磚

主要設備製造廠商
廚房製作／田邊製作所
廚房設備／TOTO、東京瓦斯、富士工業
衛浴設備／TOTO、大和重工等公司
照明器具／小泉照明、DAIKO、東西電氣產業、PANASONIC
空調設備／大金空調

ARCHITECT

長坂 大／Méga

Planning Ideas 04

為了應對將來的變化，多用途的使用空間

2樓目前暫時作為自由空間，將來萩原家在別處蓋新診所的時候，可作為暫時診所來使用。準備將現在衣櫥的位置在未來可以改造成衛浴設備，因此把管線分配的作業也完成了，為之後兒子媳婦住進來先作準備。

Multi-purpose room

經由設計圖的巧思來享受 環保的生活

Entrance

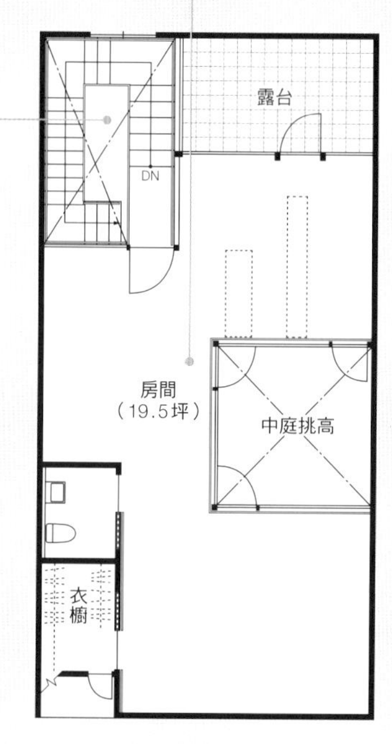

貫穿建築物的垂直空間成為了光與風流動的通道

與樓梯間一體成型的玄關挑高，從2樓房間看過去即可感受來自中庭的明亮。可以隨時了解兩個垂直空間的狀況。而1樓的內窗通風，2樓的落地窗為透光的管道。

就這麼實踐 環保的生活

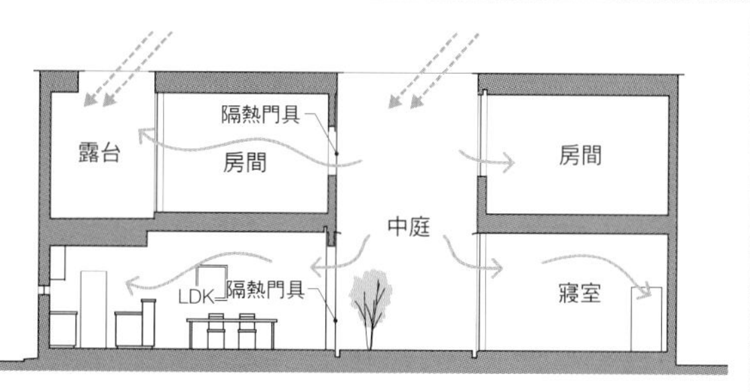

從上空往下望萩原家整體的外觀，靠近建築物中心的長方形空間為中庭，靠近北側道路的挑高處則為2樓露台，極力減少面對周邊的開口處。與都市環境迥異的建築外觀，充滿大膽前衛的金屬感。

周圍封閉，向上開放，都市住宅的垂直空間計畫

減少窗戶數量，在難以受到都市影響的上部與北側道路做挑高。各個房間以包圍住挑高的中庭來作配置，而中庭則作為引導風及光線的外部垂直空間。2樓露台也有相同的作用。還有在溫熱環境的控制上，則是倚靠通風用的內窗及小窗，及面向中庭出入口的木門。考量到日本南關東的氣候、夫婦倆人的活動量，冷暖氣的需求不大。所以透過玄關挑高的連結、拉門及內窗來調節室內溫度。也分別在自然通風，以及提高冷暖氣使用效率的開口處下功夫。

照片中向上彎折的山谷狀天花板及樑柱、具有衝擊性地2樓LDK，夏天時熱氣會往天花板上升，再從高窗發散出去。玻璃都以複層方式設計，東西面的玻璃經由貼上透明隔熱片，遮蔽日照角度較低的晨昏陽光。

無論冬天夏天，通風管道使住宅更加涼爽舒適

不需要用到大型設備，以建築物的外型及房間的配置搭配空間的構成，創造出舒適室內生活環境的「風道之家」（這裡的風道之家是文章創造出來的詞意思是以通風度極佳的住居）

被木製百葉窗圍繞的露台與客廳互相連結。夏天的時候靠著張開露台上部的遮陽篷，來遮蔽從南邊窗戶射入的陽光。「在房屋的大開口處設置可動式遮陽棚是鐵則」山田說著。

經由設計圖的巧思來享受

環保的生活

客廳南面的窗戶，可以透過拉門讓南邊全部開放，窗台內側設置有隔熱效果的拉門來代替窗簾。廚房一角則設有電腦。

Planning Ideas

05

東京都・T宅

設計＝二瓶涉＋山田浩幸／TEAM LOWENERGYHOUSE PROJECT

家庭成員＝夫婦2人＋子女1人

地坪面積：105.62㎡（約32坪）

建築面積：84.44㎡（約25坪）

以風的流動來設計的樓梯間及屋頂

「搬來這裡約一年左右的時間，讓人感受到即使不使用空調設備，在春天和秋天也相當地舒適」T先生夫婦倆如此說著。這是一棟南北通風，陽光從南邊的大型窗戶進入的住宅。建地是位於西南方的角地的南邊有一片竹林的T家，空調設備幾乎只作為在炎夏及寒冬使用而已。

「當地環境條件，加上T先生喜歡沒有冷氣也會透過風的吹拂而產生自然的涼爽，從峇里島的小木屋衍生出了『風』這一個主題」如此敘述的是擔當設計的建築師二瓶涉。為了更活用都市中建地附近環境的特色，與建築設備家的山田浩幸組成了團隊。提案利用光與風自然環境的力量，建造出舒適且節能的住宅。為了將來子女的誕生，希望可以使空間在配置上更加有彈性的男主人表示「雖然對於冷暖氣以及節能方式上沒有特別要求的地方，但對於並非導入高額的住宅設備，而是以在建築上的巧思做出這樣的效果，實在讓人感到非常有興趣」

透過建築物的形狀以及房間的配置使冷暖氣流通的T家，特徵就是引導風向向上凹折的蝴蝶形狀的屋頂。連接於屋頂下面的則是二樓的LDK和兒童空間。一樓則是在夏天時吹得到從竹林來的涼風，半地下式的寢室。涼風透過被稱為「風之谷」樓梯間向各個房間吹送。而在冬天則透過設置於一樓寢室和二樓LDK中間夾層，利用溫水通過的蓄熱體，把暖氣有效的同時上下傳送到寢室以及LDK的區域。「雖然是低階科技，但只要透過設置這樣的設施，就可以有效的使溫熱環境變得更舒適」山田先生說著。南邊大型窗戶設置可以隔熱的拉門加上遮陽棚，作為符合家庭氣氛的陳設相當地齊全。

可以容納多人寬闊的客廳、連結上下樓層的樓梯間與感受家庭的狀況，不倚靠空調設備就可以讓環境更舒適，達到夫婦倆人所期望的寬廣的空間。以上條件透過建築師及設備家的通力合作來完美呈現。

與包夾住樓梯間挑高的LDK做連結的兒童空間。設置高窗及低窗使空氣流動。2樓的地板及牆壁皆統一採用木材。牆壁一部分為固定的收納櫃。

連接家族生活的大空間當中，舒爽的風在四季當中吹拂。

寬廣的LDK及露台開放的感覺，廣受帶小孩子來玩客人的好評。靠窗邊地板上的裂縫則作為冷暖氣吹送的通氣孔。廚房及餐桌則是以橡木材特別訂製的。

樓梯間牆壁的一部分可以拆卸，涼風會通過位於樓梯裡側的半地下式的寢室往外吹。固定衛浴設備以及和室部分的樓層高度，與2樓空間產生親密感。

Planning
Ideas
05

經由設計圖的巧思來享受
環保的生活

1 1樓北側的和室。從2樓LDK區域的視野穿越過樓梯間就可以到達。很適合作為訪客家的小朋友午睡的地點。在和室的窗外也可以看到小小的綠景。 **2** 面向建地南方竹林的浴室。走出外面有一個小露台。

透過屋頂的形狀及空間的構成建立風向流動的通道

每天保持室溫穩定的地下式寢室

1 從1樓樓梯間往下約半樓層位置的半地下式的寢室。夏天靠著窗外噴射水霧的裝置，來抑制地下室溫度的上升。冬天則透過寢室天花板之中樓層間的溫水流動裝置達到暖房的效果。 **2** 寢室及樓梯間之間的牆壁可以拆卸，在夏天可以成為一個可以通風的小窗戶。

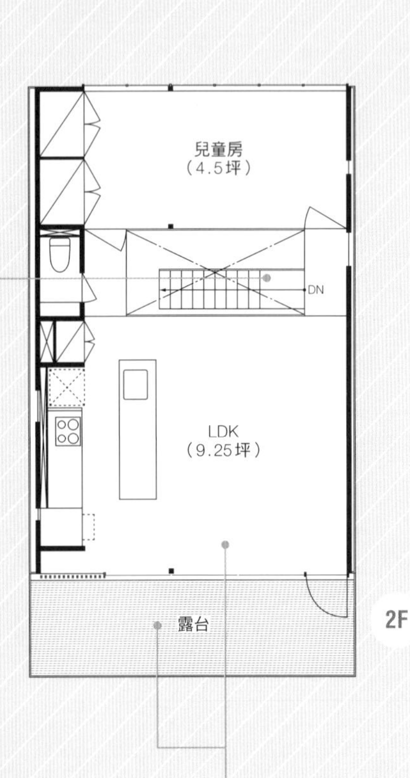

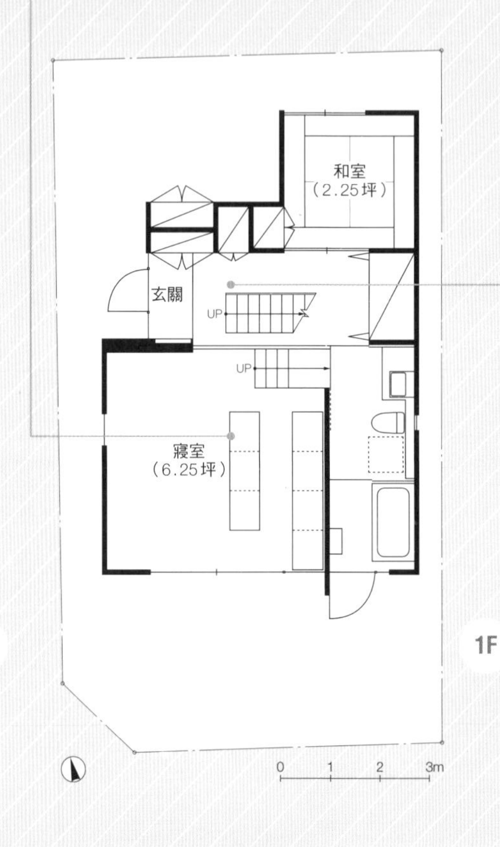

人與空氣皆可平穩移動的「風之谷」

上部挑高的樓梯間位於住宅的中心，作為風流動的管道。照片右邊看到水泥的部分則作為2樓LDK及1樓半地下式寢室中間的的地板。冷暖氣在夾層的細縫中流出。

如掛簾般，將季節的陳設應用在現代家庭當中

1 在冬天日落之後，使用隔熱材料製作的拉門可以有效的抑制房間的熱能，在晚上也能把溫度保持如同白天一樣地溫暖。 **2** 夏天預防熱照的遮陽棚是可拆卸式的。「即使是一般的隔熱方式，藉由配合季節的替換來選擇陳設的方式，就可以使環境更加地舒適」山田如此說道。

空間配置的重點

可以對應各種生活型態的彈性空間

小巧外觀的T宅，在建築基本法上為了要保持空間的寬廣，將1樓寢室的一半樓層建造於地下層，在這寢室以及LDK之間的夾層，則作為冷暖氣設施的安置處以及收納櫃。LDK設計上考慮到隱私以及日照而設置在2樓。經由挑高的樓梯間連結的兒童空間，使用可動式的摺疊門清楚劃分出區域。木製百葉窗包圍的露台與LDK的連接呈現出開放感，有如室外客廳般地活用著。

DATA
家庭成員：夫婦＋子女1人
構造規模：木造，一部分鋼筋水泥、地下1樓＋地上2樓
地坪面積：105.62㎡
建築面積：84.44㎡
1樓面積：29.36㎡（除去地下寢室面積）
2樓面積：55.08㎡
土地使用分區：第一種低層住宅專用地區
建蔽率：60%
容積率：80%
設計期間：2009年1月～2010年1月
施工期間：2010年1月～2010年9月
施工單位：TH森岡

FINISHES
外部裝修
屋頂：鍍鋁鋅鋼板
外牆：水泥裸牆＋杉木板
內部裝修
玄關
地板／有色砂漿鏝刀
牆壁、天花板／EP塗裝
LDK、兒童房
地板／橡木實木地板
牆壁／EP塗裝
天花板／樑柱外露＋構造用合板
寢室
地板／OSB合板＋EP擦拭塗裝
牆壁／EP塗裝
天花板／水泥裸牆
和室
地板／榻榻米
牆壁／EP塗裝
天花板／水泥裸牆
盥洗室
地板／磁磚
牆壁、天花板／AEP塗裝
浴室
地板、牆壁／陶瓷磁磚
天花板／衛浴天花板
露台／杉木板
主要設備製造廠商
廚房製作／福本木工
廚房設備／林內、PANASONIC、TOTO
衛浴設備／TOTO、CERA
照明器具／遠藤照明、PANASONIC、YAMAGIWA
空調方式／中間厚板蓄熱地板放射型冷暖氣方式*（熱源／瓦斯熱源）
降溫裝置／霧狀灑水裝置
＊＝專利申請中

ARCHITECT
二瓶涉＋山口浩幸／TEAM。LOWENERGYHOUSE。PROJECT
岡村仁／KAP（構造設計）
大原彰／施工者
朝妻義征／企劃

1

2

使通風更良好的寬闊室內格局

1 2樓為連接LDK及兒童區域的開放性大空間。天花板的樑柱則沿著區域中心向外面朝上方延伸，使得空氣更容易可以沿著天花板朝外面流動出去。這也是設計者的創意，也是建築通風的重點。 **2** 以摺疊門做為區分LDK與兒童空間的設施，在兩端各設計一道門來對應將來兒童房的需求。

Planning Ideas
05 經由設計圖的巧思來享受 環保的生活

就這麼實踐 環保的生活

配合季節與時間來替換環境模式

風的流動在夏天及冬天、白天及夜晚會交互切換。冬天（上圖）的白天，日照角度較淺的太陽光，直接從南面的大窗戶擷取。夜晚，為了不讓白天所蓄積的熱能流失，則啟用具有隔熱效果的拉門。地下室寢室與2樓LDK中間約1公尺高的夾層空間，則作為設施的安置區域，在地板（水泥細縫）設置冷暖氣放射板※。藉由通過（冷）溫水來蓄積熱能，再同時向上下放送（冷）暖氣的一種空調設施。因為設備單純所以安置的費用低廉。夏天（下圖）的白天從竹林吹入的冷空氣，藉由噴霧裝置更進一步地冷卻後引導進入地下寢室。在2樓，蝴蝶形狀的屋頂，使得熱空氣可以更有效率地往外發散出去。夜晚因為安全考量將寢室的窗戶關閉，轉換成倚賴中間層的設計來達到冷氣效果的夜間模式。

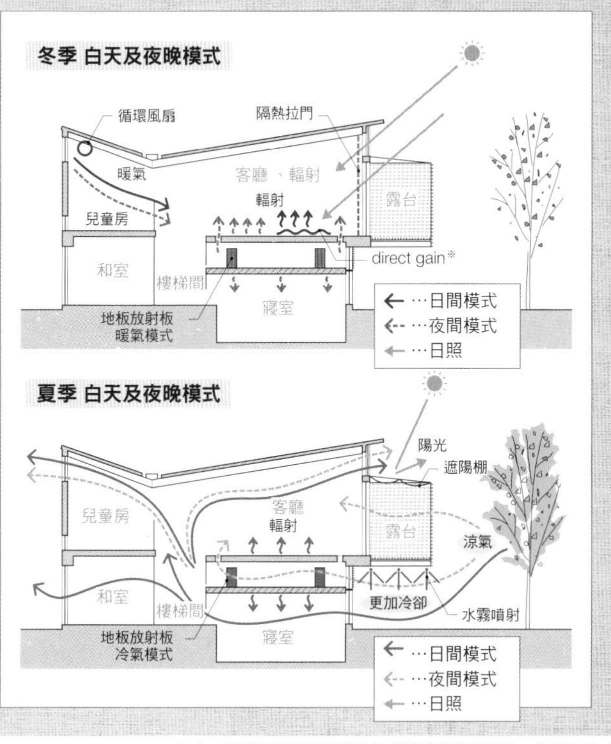

※（一種透過陽光照射使地板或牆壁累積熱能的一種暖氣方式）

向建築師討教
空間配置的規則

以合理的價格兼顧品質的「室內格局」

受訪的建築師
中村高淑建築設計事務所
中村高淑 建築師
Profile
透過合理的價格掌控，親手打造出不少讓居住者能舒適生活的時尚住宅。將男性喜愛的車庫併進住宅裡的建案也不在少數。

雖然想將全部的建築構思都實現在「我的家」，但實際上執行的時候卻會受到各種不同的制約。特別是在「花費」這面牆壁往往擋在許多擁有夢想的人之前。在這當中想要不失去夢想，以理想的形狀來做實現，這就是建築師大展身手的地方了。這一次就來向在建築花費效率這方面有相當良好評價的中村高淑，來請教他的設計手法。

構成、文章＝松川繪里　建築師的連絡方式請參閱P166-167頁

CASE STUDY 以合理成本實現夢想的專家

01 使建築物的型狀設計為單純的箱型

02 室內格局免去複雜要簡潔化

03 限制建築物規模並使它看起來更寬廣

04 將堅持與夢想實現的喜悅

05 廉價的工程材料也能看起來很完美

06 窗台、空調、外部結構也多一層巧思

喜愛及夢想，如果隨意犧牲了的話
家蓋起來也沒有意義了

即使是緊縮預算來建造房屋，恐怕在一生當中來說也算是花最多錢的購物。所以不管是誰都會有「蓋一個安心、舒適讓人喜歡的家，並且可以的話盡量便宜」的想法也是理所當然的。雖然減少開銷的方法百百種，但是決定使用哪一種方法，將會影響到最後是否可以成為一個讓人滿足的家。

首先作為起跑點，男主人與設計師在金額預算上要達成共識。即使嘴巴上講著預算，也有人將搬家費或是與施工單位的契約金等等費用納入考量。所以在這方面要互相的確認資金的條件，將各項費用仔細地整理出來。因此就可以清楚地將建築的施工費用計算出來。

進入設計階段後，在影響金額因素最大的建築規模的設定上，也要做仔細的考量。參考過去的實際案例，透過一邊確認規模及收尾工程品質的等級，在早期階段就明確地決定下來以後，之後的作業就可以更平順地進行了。接著在每個階段都仔細的確認開銷也是相當重要的。

選擇良好的施工單位也會左右不少的開銷。也有估算金額相差近一千萬日圓左右的例子。為了使施工單位更準確的估算工程的開銷，設計師得仔細地提示每一個施工的重點。並不是說越便宜就越好，而是要把握整體的設計要點。也可以透過設計師的情報網確認是否為良好的施工單位。在決定了施工單位之後，仔細地確認估價內容。將所有金額都公開再來進行細部的調整為其中要訣。一邊比較各個價格，一邊進行降價的交涉，也向男主人提案變更的項目，逐漸地往預算的目標做調整。

如此透過設計者一步步地來節省不必要的花費。在另一方面，像是水龍頭、門把等等，不計較日常接觸到的設備的金額，而選用消費者所喜好的款式則是我的方針。每天都好心情地使用的話，即使多花上數萬元也是相當划算。安全性之外，如果捨棄了夢想及喜愛，那就沒有建造的意思了。「不推薦您在這一方面節省」講這句話也是偶爾有的事。

那麼接下來就來介紹，聰明地壓縮成本，為了建造出不讓人後悔並充滿滿足感的幾個重點吧。

01 使建築物的型狀設計為單純的箱型

提高外壁工程效率並抑制花費

建築物整體減少突出以及凹陷的地方使整棟房子整體化，可以有效使支出花費的效率更佳是常被使用的方法。這是因為在平面上如果多出凹凸，則會使整體的外壁面積增加而地板面積減少，建築外觀越完整，在地板面積的花費效率會更好就是這種道理。

當然外觀形狀越複雜，也會讓施工現場的作業繁雜化，因為細微的處理增加而使整體工程進行的效率下降，並且會增加施工時間以及人力成本的花費。但是以單純的箱型外觀又會使人有種呆板的印象的關係，以柔和的感覺來設計的重點必須牢牢記住。

挑高處分別漆成白色與藍色，一部分使用鍍鋁鋅鋼材及木材。

神奈川縣・I宅
攝影／K-est works

神奈川縣・N宅　攝影／K-est works

將上下樓層的窗戶配對，讓正面的外觀既有韻味又能調和的案例。

讓箱型的外觀，感到印象化的設計

住宅的外觀與街道景觀都是地區的共有財產。雖然以經費來考量外型設計較為單純，考慮對於周邊環境的影響在建造上想設計得更加的柔和。例如說在工程收尾的材料上，做顏色的變換或者是透過窗戶的配置來活用整個外觀的設計，在這個地方有沒有下巧思，將會使建築物的表情變得更加的不同。

02 室內格局免去複雜要簡潔化

減少小房間，只擠出必要的空間。

日本建築的尺寸分類相當地完整，材料也依照該分類使用，只要依照工程的需求來選用製作，在材料上就可以省去加工或是修改的流程，在使用上面更加地有效率。而建築的外型也是一樣的道理，把空間配置設計得更單純化也更有效率。在相同大小的地方減少牆壁的數量，對於節省花費也是有利的。以簡潔的配置，設計房間可以有複數的用途，也可以維持各房間的使用性。但是也有如果移除建築結構上所需要的牆壁後，得在別的地方補強原本所需求的強度，而使整體建築的開銷增加的案件，在這方面需要額外的注意。

空間配置以單純的方式為佳的原因是：小房間如果增加的話，會直接增加建築材料上的需求來影響成本以及耗費的工程時間。畢竟即使是一間簡單的廁所也是需要四面牆壁、門加上照明設備等等的需求。

初期預算上限嚴苛的話，也有先不建造出當下用不到的設施這種作法。例如說子女還小的時候並不用把房間分開也可以一起生活。雖然有兩個子女確可以將房間化作一間來做使用，隨著子女成長之後想要分隔私人空間的要求也會增加。在這個情況之下，只要先做好未來預備的設計圖，並且將配線配管等等的內裝設備準備完全就好了。

神奈川縣・H宅　攝影／K-est works

不設計牆壁將空間徹底區分，以拉門來做彈性地空間使用

在客廳內側延續的空間設置為兒童房。以不設置分隔牆讓空間敞開、透過四片拉門和緩地分隔出空間，在子女還小的時候，把這個空間作為客廳的一部分延伸使用。將來則在中央設置兼具分隔以及收納的櫥櫃，就可以有效的分隔成為兩個獨立的單人房。

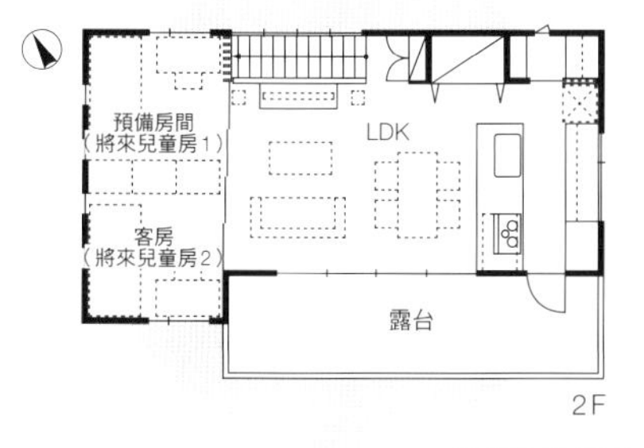

內部為兒童房，開放之後可作為客廳的延長空間使用。

神奈川縣・A宅　攝影／田邊陽一

牆壁與天花板使用FRP材料＋砂漿＋上漆，以浴簾來分隔出浴室的空間。與露台的連結使人有度假的氣氛。

北側露台
南側露台
寢室1
（上部閣樓）
衣帽間
寢室2
（上部閣樓）
2F

衛浴設備統一安裝在一間房間收尾工程材料也統一

浴室、盥洗室、廁所整合為三合一的衛浴空間。牆壁及地板的收尾工程在材料的使用上以簡單及統一為主。地板使用耐水性強的南洋木材，即使經過二十年不整修也可以繼續使用。節省貼磁磚的支出也兼顧了柔軟的踩踏感覺。

03 限制建築物規模並使它看起來更寬廣

合理地設定會影響全體支出的建築規模

與委託人最初的會談最重要的就是討論建築物的規模。因為在這方面上是影響整體支出最大的一個部分。以木造建築來說的話，木作工程大約占整體的百分之25左右。所以想要節約支出的話，如果不從這個地方下手是很難得到成效的。即使在設備機器上面做變更也只有杯水車薪的效果。

所以說，在最初階段盡量使預算可以配合，也就是在不影響生活機能的情況下限制建築的規模。雖然說東京近郊一般的住宅因為受到法律以及面積的限制，能使用的建地上限是有限制的例子很多。如果不是如例子的情況，看要是30坪或者是50坪，必須仔細的做好建築規模的設定。

如果是因為受限於許多原因，不得不將規模縮小的情況之下，透過使用許多不一樣的建築方式，或是在房間的設置上面下功夫是非常重要的。為了改善狹小的感覺，營造出房屋的開放感以及保住空間的品質也不可忽視。難得透過特別設計來建造的家，如果不能營造出使人感到舒適的空間那便失去意義了。

神奈川縣・O宅　攝影／K-est works

從區域的一端看向另外一端，整體為沒有阻隔的一體化空間

斷面

活用挑高天花板所設計出的大窗戶，使開放感與露台的連續感互相增加。

挑高、大窗、露台、骨狀樓梯使空間更加開放。

2樓的LDK為單一空間約8.25坪。設計與閣樓連結的挑高，使上下左右空間更加開放。露台也截取了戶外的生活空間、骨狀樓梯為房屋的空間貢獻些許寬闊感。作為椅子的使用之外也成為兒童遊玩的空間。

神奈川縣・A家　攝影／田邊陽一

因為有段差的關係，較低的廚房使用椅子，而客廳則是直接坐在地板上的設計來配合視線的連接。

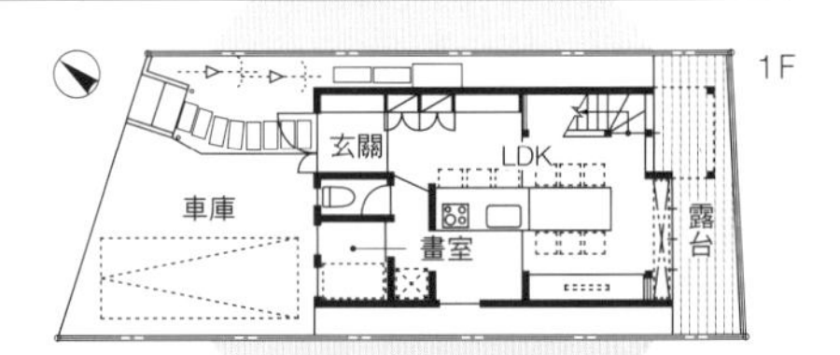

意識到作為房間延長來使用的露台所產生的連續感。

刻意設計出段差，營造出空間的一體感

使其感受不到空間的狹小，並可以應對家庭人數增減的例子。作為空間有效化地利用，將廚房整體作為桌子來應用。將客廳地板高度稍微向上提升，成為在多人的時候可以更有彈性地來作使用的空間。包含露台的空間產生一體感。

04 將堅持與夢想實現的喜悅

將喜愛的要素實現出來，使住宅更加愛不釋手

在控制支出這方面的取捨很重要。但舉例來說對廚房較為講究的人就會想「如果有更多預算的話，就可以這麼做選擇的說…」在之後便後悔了，或許就連在做菜的時候，也有可能變得悶悶不樂。這樣把家蓋起來的意義感覺就減少一半了，為了每天快樂地生活所以錢也是要花對地方。

在我過去設計的案子當中，也有以總額約1800萬日圓的預算，其中編列200萬在廚房上面的案例。以一般來說這樣的編列或許導致整體平衡感不佳，但是只要能滿足委託人的需求，便能補足這其中的空缺使它更富有價值。建立在各種價值觀上面，所做出來的東西有所不同也是理所當然的事情。不管是誰都會對自己的房子抱持著不可取捨的理想。

在這之後我推薦將每天會接觸到的東西，例如水龍頭、廚房、衛生紙的固定支架、門把、玄關的把手、鑰匙等等的物品都換成自己喜歡的樣式。即使選用高級品，但是在整體支出來講還是施工費用佔最多，透過如此的配置來增加對家的依賴而使每天都可以過得更舒適快樂，算是相當便宜的支出了。

沉浸在「與愛車一起生活」的感覺當中。玻璃窗設計的車庫，右邊的照片則為從寢室往車庫看過去的視點。使兩者共有明亮及寬闊的感覺。

1F

衣帽間

主臥室

車庫

玄關

神奈川縣・O宅
攝影／K-est works

一直都可以觀賞最喜歡的愛車的車庫

室內車庫的牆壁以玻璃來設置，進入玄關之後，或者說是每次從樓梯或走廊進出的時候，都可以欣賞到自己愛車的案例。這可說是體會住宅與愛車融為一體的設計。透過在車庫設置許多窗戶使內部更加明亮來觀賞愛車，而光線也會照進走廊。

神奈川縣・F宅　攝影／K-est works

透過垂直連接在一起的窗口營造出高級感的客廳，窗台是使用一般雙溝槽滑動的款式，而高窗則使用整面玻璃，支出相對低廉。

可以盡情觀賞回憶中櫻花樹的客廳

委託人希望可以保留老櫻花樹，並且建造出可以觀賞櫻花的房子。在這方面上就將客廳配置於視野良好的地方。透過在挑高處設計窗戶使空間獲得更大的開放感。縱長的開口處也成為外觀上面的重點。並無使用特別訂製的窗台，但是卻可以靈巧地收起來。

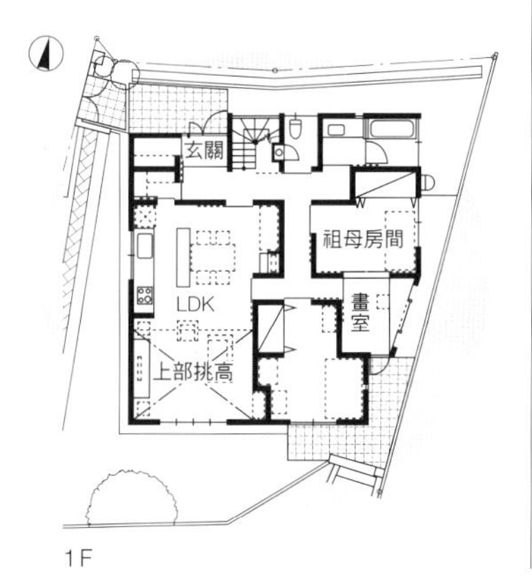

1F

廚房為原創製作的關係更加有型

雖然貼磁磚的廚房不只時髦而且相當有人氣，但作為廚房的素材在使用上並不昂貴。因為廚房構成的基礎主要是使用便宜的木合板。如果只做為檯座使用的話，反而還比不鏽鋼材還來得便宜。透過原創製作來決定廚房的大小也是優點。

神奈川縣・H宅
攝影／K-est works

中島式廚房配合開放的空間，加上特製的換氣扇遮罩，設計上的統一感也顯現出來了。

05 廉價的工程材料也能看起來很完美

活用素材本身的魅力

地板、牆壁、天花板的收尾工程中使用較廉價的材料，也是一種降低支出的常用手段。而在這種方法當中要思考的是，並不是不得已，而是透過正面思考將素材的特性作最有效的活用，展現出其魅力，使空間變得更豐富，這正是建築師大展身手的地方。不論是哪種素材都有優點和缺點，以此前提來考量營造出一體化的空間，使它看起來變得更好。

我在聽取委託人的希望條件的時候，我會建議他先拋開預算的考量。如果不這麼做的話，在對房屋原本堅持的重點會逐漸放棄，原本想要的也會很難說出口。即使是和預算互相矛盾的要求，透過一層巧思之後一定有可以完成的方式，所以將自己所期望的房屋理想傳達出來是很重要的。

舉例來說，一般在牆壁上漆的花費是比較昂貴的，如果一棟房子全部都要上漆的話，油漆的價格與壁紙比較起來會多個60至80萬日圓，確實是比較貴。但是對於在這上面較喜愛的顧客來說，只要在施工費用加上數萬日圓，就可以僅將客廳一面牆壁上漆，也可以考慮類似這樣的方式。即使面積越大單價也越高，但是也可以透過在重點的小面積上面做實現，來獲得滿足的感覺。

神奈川縣・T宅　攝影／GEN INOUE

使用各種圖樣的壁紙，讓人看到新的感官

擁有各式各樣的圖樣及顏色可以選擇，是壁紙的優點。以這一家來說，在廁所內牆壁選擇嶄新圖樣的壁紙，營造出印象的空間。廁所外側的牆壁因為人沒有辦法通過的關係，所以就大膽的設立落地玻璃，與壁紙互相融合，使個性化的印象加深。

單調的壁紙有著幾何學圖樣讓整體更有個性化，使廁所也能成為很不一樣的場所。

正面窗戶與左上邊出入口，拿掉了垂壁使空間更清爽。

埼玉縣・S宅　攝影／K-est works

將椴木合板作為收尾材料在內部裝潢使用。

原本為工程基礎材料的椴木合板，也可以做為收尾材料來使用。在這一間和室中，在天花板、出入口的拉門都有使用。雖然是廉價的材料，只要將木頭紋路平整的地方抽出來作使用的話也會顯得相當的漂亮。天花板的地方刻意將木頭紋路交錯排列之後有市松花樣的感覺。

神奈川縣・O宅　攝影／K-est works

木造部分多的內裝依照場所的不同，表情也不同。

即使是木造較多的室內也可不用顯得樸素，可以相當有型好看。以照片的例子來看，不管哪邊幾乎都活用木頭的質地，像是餐廳就染上燒焦的茶色，上部的百葉窗則以白色來醞釀出輕鬆的感覺。

透過油性塗料的染色，同時表現出木質的魅力以及顏色的印象。

營造空間的印象，使空間產生變化的漆

雖然漆相較於水泥來說較為廉價，但是透過顏色的使用可以發揮各種空間的效果。在每個房間分別漆上不同的顏色，創造出各個房間的差距，發揮只有使用漆才能表現出來的玩興，讓人也想運用在設計當中。

在連續的空間透過顏色的變換使得裡外氣氛有不同的演出感。

神奈川縣・H宅　攝影／K-est works

06 窗台、空調、外部結構也多一層巧思

維修及運行時候的支出也列入考慮

窗台等的設備以及外部構造的工程，所累計起來也會影響到整體的支出。因此必須將光熱費及維修相關的運轉支出納入考量。

透過建築的設計來達成空間效果的時候，例如採用鋁製的窗台或者是落地玻璃窗這類廉價的素材，並配合建築的規模大小來訂製。即使每一片窗戶增加了數十元的花費，卻可以建造出讓人滿意的空間。

讓許多人所憧憬的地板式暖氣裝置，雖然說可以選擇以電力作為熱源，設置在狹小座位區域。但還是要從暖氣的使用效率以及運轉支出上面考慮一下，以下面的例子來講，透過模擬運算的結果，也有只使用一台蓄熱暖氣裝置就可以滿足整棟住宅的選擇。

住宅外部的工程，也可能靠著創意不花錢就可以達到該有的氣氛。外牆的維修工程，如果要靠著鷹架施工才能維修，這樣會使維修費用會相對地昂貴。做為對策，若維修上需要使用鷹架的地方，就選用鍍鋁鋅鋼材等腐蝕速度較緩慢的建材，而住宅較低的部分因男主人可以自己親手維修，就可以選用木材，像這樣的配置組合方式有非常多種。不僅可以減少大規模維修的頻率，也讓建築物本身的外觀豐富不少。

神奈川縣‧Y宅　攝影／K-est works

從牆壁到牆壁，天花板至開口。上部為固定窗，下部則為橫拉式窗台，兩種都是特別訂製的。

將空間拉緊，鋁製窗台的大小修整

使用鋁製窗台不僅價格實惠，水密性、耐候性、防火性能都相當地優秀。以我的例子來講，窗台的大小通常都是透過設計之後訂做的，透過上下左右都是玻璃的情況下使整體看起來更加地整齊，連結出空間的高級感。

透過多種建材的組合，維修時不必使用鷹架的例子。

神奈川縣‧S宅　攝影／K-est works

彈性的考量來設計外壁等構造工程使得外觀印象變得更好看

1 2樓部分的外壁以鍍鋁鋅鋼板收尾，維修頻率較高的挑高部分和木製的部分限定設置在不用使用鷹架就可以達到的高度。 **2,3** 不使用水泥的擋土壁，而是以傾斜的方式填上泥土並在上面植入草皮，玄關樓梯間及樓梯都以木材來營造出小木屋般的氣氛。

神奈川　T邸　攝影／GEN INOUE

2 不設檔土牆，透過斜面上植入草皮的方式營造出自然的氣氛。 **3** 木質的玄關通道與玄關門有著如別墅般的風格。

神奈川縣‧I宅　攝影／K-est works

以較便宜的夜間電力儲蓄熱能，然後在白天放出暖氣也是節省電費的辦法。

空調設備從舒適性與支出當中做聰明的選擇

2樓為客廳的家庭，只有在1樓裝設一台蓄熱型暖氣機。在預算上是可以接受的機種，雖然不具讓暖氣流動至整棟樓層的能力，但是一進門之後馬上就可以有暖呼呼的感受也顯得格外不同。透過執行多樣的模擬，從價格與品質良好的條件上來做選擇。

〔分棟・完全分離型〕

連結2棟建築物的露天平台 關係緊密的3世代住宅

東京都 [illegible] 正人
明野設 [illegible]

case 03

可以請父母親幫忙照顧孩子，父母親也因為子女在身邊而感到安心……。
多世代住宅可創造彼此互助的環境，正是它的一大優點。
世代不同，生活風格迥異的家人，該如何發揮多世代的優點
快樂地生活，在室內格局下工夫以符合家庭型態掌握了成功的關鍵。
從在此介紹的事例中，或許能夠發現成為您家裡室內格局的提示。

室內格局

know-how
打造永久舒適的
多世代住宅的 8大提示

case 04

〔上下分離・室內樓梯類型〕

生活空間完全分離 以室內樓梯銜接各世代

東京都・秋山宅　設計＝粕谷淳司＋粕谷奈緒子　粕谷建築事務所
（カスヤアーキテクツオフィス）

[PART 4]

感情融洽地生活 多世代

〔完全分離型〕

開放、 封閉共存的 獨立型2世代住宅

東京都・S宅＋S宅　設計＝山中祐一郎＋野上哲也／S.O.Y.建築環境研究所

case 01

case 02

〔同居型〕

設置分開的個別房間 享受3代同堂的房子

東京都・O宅 設計＝村田淳／村田淳建築研究室

整理・撰文／森聖加（P112-117，124-127） 松林ひろみ（P118-123，128-131）
攝影／齋藤正臣（P118-123，128-131） 牛尾幹太（P112-117，124-127）
建築師的聯絡方式請參照P166-167。

子女世代主要生活的2樓，按照夫婦的要求，地板採用大磁磚。廚房打造如家具般的中島式廚房，不減損寬敞感，形成與空間融為一體的風格。

如同這張照片，2樓的開口部是狹縫狀。不管大小，在四邊牆壁至少都有開口部，光線、風皆能充分到達室內。

1 子女世代的LDK是沒有隔間的一連串空間。以客廳裡鋪上的波斯地毯為基本，再決定最後的內部裝潢。 **2** 直接對外的開口部很少，2樓的感覺比較封閉，透過樓梯上的開口部採光。

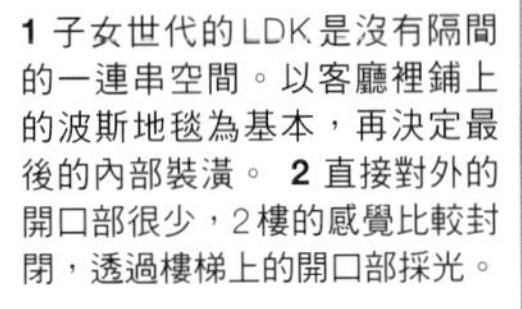

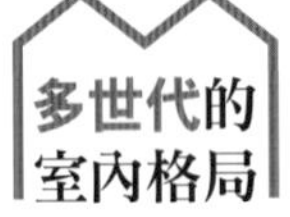

case 01

東京都・S宅＋S宅
設計＝山中祐一郎＋野上哲也／
S.O.Y.建築環境研究所
家庭成員：夫婦＋雙親
地坪面積：120.98m^2（約36坪）
建築面積：175.48 m^2（約53坪）

完全分離型

開放、封閉共存的獨立型2世代住宅

3樓的寢室使用含羞木材質的地板，呈現自然的陳設。與2樓的氣氛迥然不同。左手邊內側設有夫婦倆使用的書房。

不管開門、 關門都充滿光線的室內
實現各自理想中的生活空間

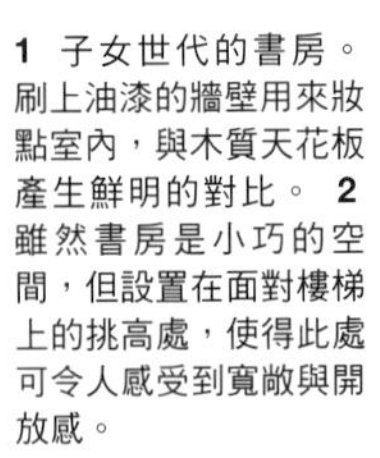

1 子女世代的書房。刷上油漆的牆壁用來妝點室內，與木質天花板產生鮮明的對比。 **2** 雖然書房是小巧的空間，但設置在面對樓梯上的挑高處，使得此處可令人感受到寬敞與開放感。

開放感與隱私的確保 透過牆壁與開口錯開的結構來解決

「房子基本上是分隔成2個世代建造，使用時若能往來，彼此便毋需顧慮。父母雙親世代與子女世代，在這一點的意見一致。」男主人S先生如此說道。S先生夫婦倆，與岳父岳母生活的完全分離型的2世代住宅，左右兩邊夾著旗竿狀土地，蓋在於住宅區裡敞開的用地上。這是重視採光的雙親，決定購買的土地。

因為這項購買理由，所以雙親希望一棟有著大窗子的明亮住處，但是南側的正面道路，是一條人車通行量多得出乎意料的路。這與子女世代的意見，正好相反。

「為了在生活上能不用顧慮路人的目光，我們希望對外盡可能是封閉的。一邊保持隱私，一邊確保陽光照射，希望能有一個舒適的空間。」

建築師山中祐一郎先生與野上哲也先生，將這兩個相反的要求合而為一。「控制外部的視線、光線與風，在滿足兩個世代不同的希望後，同時打造簡單又強而有力的建築正面。對於這些課題，我們以牆壁及開口為主題反覆研討。」野上先生說。具體上，混凝土造的牆壁每個樓層都錯開配置開口部，將光線與風納入室內。同時打造出個性十足的外觀。

雙親世代使用的1樓設有較大的窗戶，另一方面子女世代，尤其是2樓，幾乎是狹縫狀的窗子。連接2樓與3樓的樓梯上方是挑高，這裡設有牆壁與寢室隔開，可遮擋居住空間來自外部的視線，並且採用大一點的窗子。從3樓開口部照射的陽光灑到樓下，光線充滿2樓的客廳。

雙親世代與子女世代，各自的希望被完美實現的住居就此完成。

1樓玄關正面，子女世代利用通往2樓的樓梯下的部分空間，做成岳父的書房。儘管空間有限，但是鋪了塌塌米，可以在此躺臥休息。

1 1樓是雙親世代的寢室。對外設置了大型窗戶。因為父母親希望有豐富的收納空間，因此四處設置了衣櫥。 **2** 雙親世代的客廳。與內側的寢室之間沒有高低差。擺設電視機的固定家具上方是挑高，灑入柔和的光線。

從玄關完全分離世代
不必彼此顧慮
確保獨立的生活空間

雙親世代

考慮無障礙空間
平坦銜接的雙親世代

1樓雙親世代的室內，是客廳．餐廳、寢室連貫的套房形式，按照需求以寢室拉門的開閉隔開空間。包含洗手間．廁所都沒有高低差，平坦地連接。

S先生親子的要求

- 各世代的空間完全分離
- 雙親世代的空間要明亮、平坦
- 子女世代要遮蔽外部的視線
- 封閉的內部須是開放式

建築師如此解決！

由於生活時間與生活風格不同，所以親．子女世代對於完全分離的2世代住宅的希望一致。1樓是雙親世代，2．3樓是子女世代，將樓層上下分配，玄關也分別設置，分開居住。這塊地的光線不錯，相對於雙親世代想要有大大敞開的窗子，子女世代則以不要大窗子，確保隱私為最優先事項。對此，建築師山中先生與野上先生，將混凝土造的牆壁依各樓層錯開位置，藉由改變開口部的配置與大小來解決問題。雙親世代的空間是明亮自然的風格，子女世代則希望現代流行的空間。由於世代之間喜愛的室內設計風格也不同，因此藉由完全分離，彼此的希望便不用受限，得以實現。

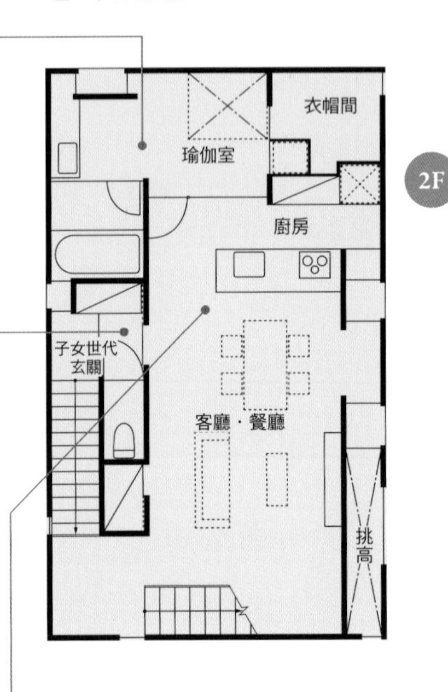

簡直像室外的延伸
感受到寬敞度的廚房

在廚房內側，光線從天窗照入，北側也銜接著明亮的瑜伽室。瑜伽室的牆壁做成像室外，因此從室內看起來，廚房內側像是連接到外面，使室內產生了寬敞感。

子女世代

雙親世代 子女世代

分成2個的玄關，
也能轉為共同使用

由於是完全分離的2世代住宅，所以各個世代都準備了一個玄關。儘管如此，在將來也考慮到將門廊納入室內，可以共用或讓一個世代使用。

雙親世代

即使是完全分離型
也能感受兩世代
連結的窗戶

完全分離型的2世代住宅S宅，透過雙親世代．1樓客廳上的挑高處與子女世代連接。雖然僅止於能夠若有似無地察覺到彼此的動靜，不過此一部分可感受到設計上的用心。

DATA
所在地：東京都
家庭成員：夫婦＋雙親
構造．規模：壁式鋼筋混凝土造，地上3樓
地坪面積：120.98m²
建築面積：175.48m²
1樓面積：70.14m²
2樓面積：68.03m²
3樓面積：37.31m²
土地使用分區：第1種住宅地區
建蔽率：60%
容積率：200%
設計期間：2009年5月～2010年5月
施工期間：2010年5月～2010年12月
施工單位：日本建設

FINISHES
外部裝修
屋頂：混凝土骨架防水
外牆：水泥裸牆
內部裝修
雙親世代玄關
地板／石材（花崗岩）
牆壁．天花板／石粉塗裝
雙親世代LDK
地板／柚木地板
牆壁．天花板／石粉塗裝
雙親世代寢室
地板／楓木地板
牆壁．天花板／石粉塗裝
子女世代玄關
地板／磁磚
牆壁．天花板／石粉塗裝
子女世代LDK
地板／磁磚
牆壁．天花板／石粉塗裝
子女世代寢室
地板／含羞木地板
牆壁．天花板／石粉塗裝
子女世代盥洗．更衣室
地板／磁磚
牆壁／石粉塗裝，馬賽克磁磚，石材（玄武岩）
天花板／OP塗裝
主要設備製造廠商
衛浴設備：RELIANCE、大洋金物、INAX
廚房設備：Panasonic、TOTO、林內
照明器具：遠藤照明、DAIKO、Studio NOI
其他用具：飯桌、托架照明由S.O.Y.建築環境研究所設計

ARCHITECT
山中祐一郎＋野上哲也／S.O.Y.建築環境研究所
結構：鈴木啟／ASA（負責人：佐佐間真美）

多世代的室內格局

寬敞的寢室 考慮將來兒童房的設置

3樓是子女世代的私人空間。面對露台的部分，與鄰家有段距離，因此設置較大的開口部。雖然現在僅作為主臥室，但也採取對策，將來還能分出兒童房。

瑜伽室不使用時，也是日常可使用的多用途空間

1 子女世代的浴室。 **2** 瑜伽室在廚房北邊，與浴室相連。藉由銜接用水動線，不只在做瑜伽時可用，也可以當成較大的盥洗室，可依多種用途使用。

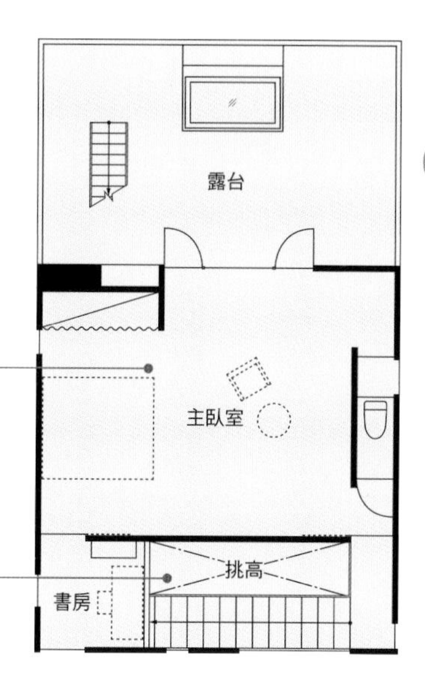

讓陽光灑入 客廳．餐廳的挑高處

子女世代強烈要求過不用在意路人視線的生活。而且同時必須是明亮，舒適的空間。生活空間盡量減少窗戶以遮蔽外部的視線，同時從挑高採光獲得亮度。

頗有妙趣的彩色牆壁 是迎接家人回家的玄關

2樓是子女世代的玄關。打開拉門正面正對著餐廳。各處配置的彩色牆壁妝點室內迎接客人。以趣味色彩粉刷的牆壁被流瀉室內的陽光照射，產生獨特的陰影。

同居型

設置分開的個別房間 享受3代同堂的房子

寬敞的露天平台有著連接室內外的功能，同時也能作為孩子們的遊樂場。屋簷刻意做得較深，可適度地遮擋夏天強烈的日照。

case 02

東京都・O宅
設計＝村田淳／村田淳建築研究室
家庭成員：夫婦＋子女2人＋父親
地坪面積：330.39m²（約100坪）
建築面積：177.26 m²（約54坪）

為享受與庭院的一體感，將客廳的開口做得比較大。充滿開放感的空間由祖孫3代共有。關上與餐廳之間的拉門還能隔間。

1 家人聚在餐廳一起用餐或談話。正對著廚房，使上菜的動線更順暢。 **2** 廚房與餐廳連為一體，站在櫃台時手邊的動作不會被看到。較大的L字形廚房，讓調理更容易，這點很出色。

圍繞主庭院配置建築物。以象徵樹山茶花為首，在多種植物綠色盎然地生長的庭院中，「和小孩一起灑水或捕蟲，享受在一起的時光」男主人說。

實現對著庭院敞開的悠然自得的共有空間

住在郊外住宅的O先生夫婦，打算改建位於東京都心的老家，並與父親住在一起。可是屋齡50年的老房子實在不太好運用。「希望打造一個讓家人能舒適生活的家」男主人回顧。

參觀過建築公司的住宅展示場或到土木工程公司洽談，從各個方向討論蓋房子的事宜，「我對於村田淳先生重視身邊的綠意生活的想法很有共鳴」因而委託設計。要求享受3代同堂，並且能獲得與庭院一體感的居住環境。另外，「母親過世後，父親便一直獨居，為了不打亂父親的生活節奏，讓父親房擁有恰到好處的獨立性」也是他的要求之一。

由於建地寬闊，村田先生在南側建造大型主庭院，並配置L字形的建築物圍繞庭院。家人聚集的客廳與餐廳設置較大的開口，調整成可以享受庭院中綠意盎然的景色。父親的個別房間是平房建築，在確保獨立性的同時，透過庭院緩和地連接LDK，以求能察覺到父親的動靜。「吃飯等基本生活是一起度過的，不過多虧了分離的個別房間，讓父親能夠享受自己的時間」男主人說。

另外，不管待在哪裡都能察覺到家人動靜的室內格局，也是夫婦倆的要求之一。因此，設有兒童房等個別房間的2樓，連接的樓梯設置在客廳內部。外出與回家時家人能夠自然地碰面。並且，夫婦倆都喜愛演奏小提琴與鋼琴，因此將客廳的一部分做成挑高，在音響上也特別用心。

「享受自己的時間，和家人團聚一起吃飯或對話的生活，讓生活很有活力。與孫子的交流是最大的樂趣呢」父親說。讓大家庭的生活更豐富的關鍵，可見就在於O宅的室內格局。

藉由客廳內部的樓梯與挑高，可以察覺家人的動靜。「有挑高的天花板，小提琴與鋼琴發出的聲音也很清亮，更能享受演奏的樂趣」夫婦倆說。

客廳與餐廳的深度不同，藉此添加變化。照片左手邊庭院的一部分是兼作孩子們飲食教育的家庭菜園。種植茄子與蕃茄等植物。

從餐廳也能直接走到露天平台。在天氣好的日子裡打開窗戶，可在充滿開放感的氣氛下享受用餐，家人的對話也會更起勁。

多世代的室內格局

透過沿著建築物雁行連接的露天平台，分開的父親房與LDK緩和地相連。可察覺動靜恰到好處的距離感是帶來舒適感的重點。

庭院綠意盎然的景緻
令大家庭的生活生趣不少

追求穩定感與適度獨立性的父親房，配置在與玄關直接連接的位置。這是可以享受大家庭生活，同時重視父親生活節奏的設計。

空間互相共有並且透過獨立性高的空間配置來確保隱私

共有

共有

可以體驗眺望庭院樂趣的開口，透過各種門具來對應季節的變化。

豐綠的庭院與和客廳孕育出一體感的開口，採用兩種不同的組裝式拉門。一種是掛簾式的（照片右邊）。在夏天有紗門的功能之外也兼顧遮蔽陽光的效果。另一種則是可以防止冬天冷氣吹入的拉門。

入口通道
樓梯間
北庭院
室外家事空間
廚房
書房1
家事室
玄關儲物間
浴室外空間
玄關
大廳
餐廳
客廳
腳踏車停車場
1F
和室1
露台1
停車場
主庭院
儲物間1
東庭院
父親房間
0 1 2 3m

O先生親子的需求

- 可以享受三世代共同的生活
- 父親的個人房間要離遠一些
- 掌握家人活動情況的空間配置
- 取得庭院及室內的一體感

建築師如此解決了！

O先生夫婦倆與父親在之前是分開生活的。所以O夫婦希望與父親在一邊進行用餐等共同生活的情況下，也能保有父親之前所擁有生活空間。針對這一點村田將建築物配置為L字型，並將父親的個人房設計得較遠，以平房式的建構並且直接地從玄關作連結提高了獨立性。另一方面，為了可以盡情享受大家庭的生活，以輕鬆愉快的陳設來規劃家人共有的LDK空間。開口部盡量與豐綠的庭院成一體感及採用明亮地高採光設計創造出讓人放鬆的空間，日照良好的主庭院是孩子們的遊憩場所，同時也兼顧連結LDK與父親房間的功能。客廳內透過階梯以及挑高的設計，使整體房間的配置更能掌握家族之間的生活動態。

雙親世代

帶有穩定性及獨立性的父親房

平房式的建築物是父親的個人房。讓父親的生活步調不被打擾而能平靜地生活，將空間配置較遠，是希望透過恰好的距離而實現生活中不用互相顧慮視線的住宅。

共有

利用作為動線的樓梯來培養溝通交流

透過設計在客廳的樓梯，使外出及回家時可以自然地與家人面對面。男主人表示「讓孩子們回房間的時候一定得通過客廳」。是看重家人間溝通交流的設計。

DATA

所在地　：東京都
家庭成員：夫婦＋子女2人＋父親
構造規模：木造、地上2樓
地坪面積：330.39㎡
建築面積：177.26㎡
1樓面積：113.92㎡
2樓面積：63.34㎡
土地使用分區：第一種住宅地區
建蔽率：70%
容積率：200%
設計期間：2007年2月～2008年2月
施工期間：2008年2月～2009年2月
施工單位：光正工務店
施工費用：7,600萬日圓

FINISHES

外部裝修
屋頂／鍍鋁鋅鋼板
外牆／MAGIC COAT（註：日本的一種牆壁漆工法）
內部裝修
LDK、父親房間
地板／橡木地板／油性塗裝
牆壁、天花板／ Runafaser上進行EP塗裝（註：Runafaser為壁紙的一種）
和室1、和室2
地板／榻榻米
牆壁、天花板／ Runafaser上進行EP塗裝
個人房1、個人房2
地板／橡木地板 亮光漆塗裝
牆壁、天花板／ Runafaser
書房區域
地板／橡木地板 亮光漆塗裝
牆壁／ Runafaser及軟木板
天花板／ Runafaser
玄關大廳
地板／磁磚
牆壁、天花板／ Runafaser
主要設備製造廠商
廚房設備／東京瓦斯、Miele、Segal Four
衛浴設備／TOTO
照明器具／YAMAGIWA、PANASONIC、山田照明、MAXRAY、遠藤照明

ARCHITECT

村田淳／村田淳建築研究所

平靜地享受只有屬於自己時間的私人空間

主要作為男主人讀書等使用的書房，為了使人更能集中，大膽地將空間帶出封閉的感覺。家族共有的LDK空間感到輕鬆愉快而私人空間則營造出平靜的氣氛，將整體空間的抑揚頓挫區隔出來。

感受家人間生活動態並且作為多用途使用的區域

在走廊上設置桌椅及書櫃成為書房區域，書櫃中除了夫婦倆的藏書之外，也收納了孩子用的圖畫書等，現在則是作為長子的讀書空間。透過面對1樓挑高的設計使樓下的情況可以更簡單地傳達上來。

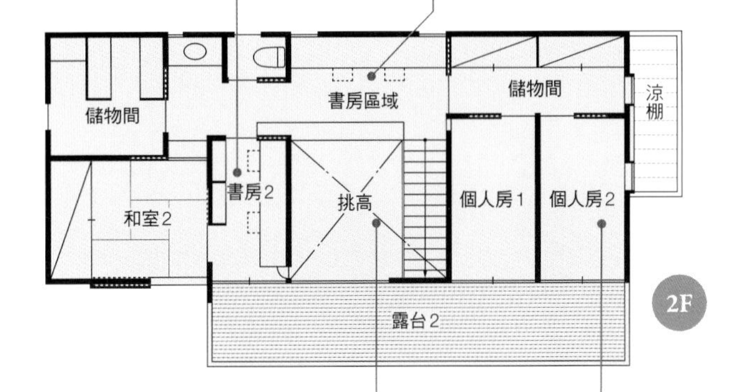

多世代的室內格局

可配合年齡來改變型態粗略規劃出的兒童房

長女、長子都還小的關係，兒童房的格局較簡單。配合孩子成長可以自由地佈置各自所需求的家具，使房間更能被善加利用。每個個人房都面向露台，使空間兼具優良採光及通風的效果

透過連結上下樓層的挑高傳達家人間的動態以及音響的巧思

使家族之間的動態可以被感受到而設計的挑高空間，並且當在客廳享受演奏樂器時將音樂能夠傳到上方，這一點也考慮到了。客廳上部的高採光裝置採用電動捲簾。同時可進行採光的調節及冷氣的阻隔。

子女世代I宅位於1樓LDK的景象。母親的房間連結盥洗室以及浴室，只要在1樓就可以使生活沒有障礙。踩踏感佳的藤木質的地板以及沒有段差的室內。

透過露天平台連結的兩棟住宅「不即不離」自在地生活空間

男主人夫婦兩人及男主人的母親，再加上男主人的岳父岳母總共三世代加起來6人一起生活的大家庭住宅。原本就是作為鄰居一起生活的兩家人，一直以來所居住的住宅受到超級堤防的計劃影響。使他們必須到別的土地開始新的生活。男主人I先生表示「希望新家除了可以保持家人各自生活的獨立性外，也能兼顧使高齡的母親以及岳父岳母能在視線可及的範圍之內」。

建地上共建有子女世代I先生及雙親世代N先生的兩棟住宅。單只看I宅的話，則成為I先生夫婦子女以及母親的2世代住宅。這棟是以減輕男主人母親日常生活負擔為基礎的兩層樓建築。以前的住宅與鄰家位置過於靠近，使得光線日照大打折扣的關係，男主人期待在新家可以有個明亮的室內空間。

以I宅1樓為中心，有作為家族共有空間的客廳以及餐廳，2樓則設有另一個客廳。透過明確地設定各個房間的使用目的計劃，使家族間的空間同時擁有一起活動的共同區域，與各自生活的私人區域。

雙親世代N先生的住宅雖然是兩層樓建築，房間格局設計為只要在1樓就可以順利解決日常生活的平房式格局住宅。包夾衛浴間分別為西側的客廳以及東側的寢室，如此空間配置使動線可以靈活地走動。

連結兩棟建築的是寬敞的露天平台。

case 03

東京都I宅＋N宅
設計＝明野悅司＋明野美佐子＋安原正人／明野設計室一級建築師事務所
家族購成：夫婦＋孩子1人＋母親、岳父岳母
地坪面積：299.50㎡（約90坪）
建築面積：116.01㎡（約35坪）、93.08㎡（約28坪）

分棟・完全分離類型

連結2棟建築物的露天平台 關係緊密的3世代住宅

I宅的餐廳，LDK除了面向露天平台的大開口以外在南側也設置了開口處、採光十分充足。今年夏天苦瓜藤所產生的綠色窗簾為窗戶增添不少色彩。

從I宅的客廳朝著露天平台望過去的景象，可看見位於露天平台之後N宅的客廳，平常的生活當中對於互相的生活動態可以粗略地了解。也設置了雙親世代的浴室在使用時會自動亮起的電燈。

兩棟住宅的客廳配置成交互會面的形式，包夾住整個露天平台。設計師明野悅司及美佐子如此表示「兩邊的客廳雖以面對面的方式設計，但室內以不直接看見的角度來配置。設計思考原則是使兩邊都在可以確認對方的動態之下，同時也可以保持恰巧的距離感」。

兩家的往來行走透過中間露天平台變得更輕鬆方便。加上周末可以在露天平台上設置烤肉用具，集合家族夥伴來開一場派對等活動，露天平台成為兩個家族共有的外部休閒空間。

透過適當距離來做家族間的集會。經由兩方共有的室外中間區域，使家族間的生活及樂趣的幅度變得更加寬廣。

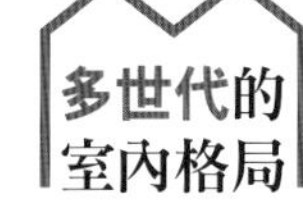

N宅的玄關。地板透過洗石子工程收尾之後的感覺使人心情感到沉靜。作為重點的正方形石板鑲入其中。並設置了方便穿脫鞋子用的小凳子。

露天平台除了擔當連結兩棟建築的功能之外，同時也兼顧了保持兩世代之間恰好的距離效果。不用繞到玄關而直接透過露天平台往來的優點也讓家人讚不絕口。

開放的 「室外客廳」將3世代六個家人的情感連結在一起

1 基本的生活只要在1樓就可以完全解決的雙親世代N宅。2樓則為儲物間以及預備房。與1樓相同，2樓的動線也可以沿著樓梯為中心做迴游。
2 N宅的LDK上方透過挑高使整體變得更寬廣。2樓的儲物間與挑高之間設置了百葉窗，利用視線來產生寬敞的感覺並一邊阻隔儲物間的視野，一邊讓風往上層流通過去。

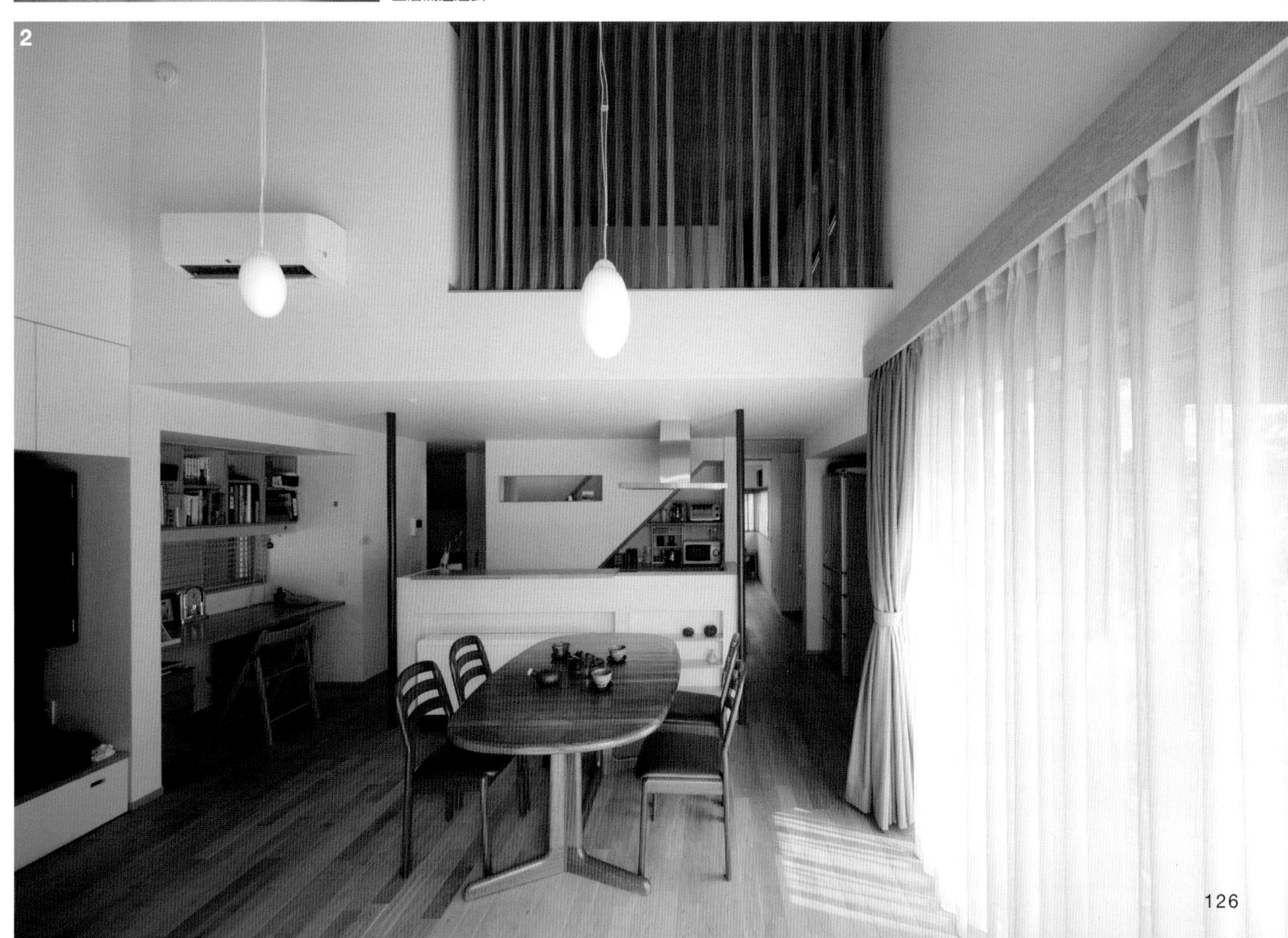

一邊感受家人的動態
一邊保有相互的獨立性
互動簡單的適切「距離

子女世代

透過設計風格不同的客廳聚會或放鬆

I宅內部有兩個客廳，1樓客廳為家人間的聚會場所，而2樓客廳則是男主人夫婦兩人可以放鬆的場所。加上可作為客人拜訪時的客房，而在客廳加裝一扇門。

雙親世代

使心情感到放鬆的寬廣寢室，也因應需要看護時的需求

雙親世代的寢室約為4.85坪與約1坪大小的衣櫥併設一起。考慮到將來需要看護的狀態、給予較寬廣的空間。並連接盥洗室、浴室，讓日常生活的動線更加順暢。

子女世代

二合一的盥洗室及廁所也考慮到看護方面的需求

盥洗室、廁所為二合一的設計。雖然沒有安裝門的廁所讓人稍稍抗拒，但考慮到生病或是看護時的必要性而採用。男主人覺得透過一體化的設計變得更加地寬敞外，使用上也非常地方便。

I先生，N先生的需求

- 兼具生活上的獨立性與共有性
- I宅希望減輕母親生活上的負擔
- 採光充足的空間
- N宅採用生活簡便的平房建築

建築師如此解決！

「互相尊重家人間的生活，並保持彼此的獨立性，也能兼顧到高齡長輩生活的居住環境」。這是為了能夠與3位超過80歲長輩一起居住的男主人I先生的第一需求。明野表示「由於之前的兩棟住宅是以背對背的方式建造，這次的新住宅則採用客廳交互面對的形式排列，並透過住宅之間設置的適切距離，使兩棟建築物和綠地連接在一起」。所謂適切的距離指的就是露天平台的部分。各住宅皆做出面向露天平台的大開口，使光線可以直接進入屋內。加上I宅男主人母親的房間緊鄰衛浴區，而N宅採用以衛浴區為中心的迴游動線設計。考慮到雙親世代的需求使生活上更加地簡便。

共有

連結兩棟建築的外部露天平台，將來也可以分割

露天平台為兩棟住宅共有的室外客廳。在將來也有將其中一棟住宅出租的想法，而透過露天平台可以將兩邊的區域明確地分隔開來。

雙親世代

以衛浴間為中心使動線可迴游的1樓

雙親世代的1樓是各個房間的重心，為連結廚房、衛浴的中心，在兩側分別配置客廳、餐廳和寢室，完成了生活動線迴游的設計。各區域地板也沒有任何高低差，互相連結在一起。

※（土間為日本在地板上鋪設泥沙或水泥等可供外出回家後作簡單清理的小區域）

DATA

所在地　：東京都
家庭成員：夫婦＋子女1人＋母親、岳父岳母
構造規模：木造、地上2樓 兩棟

I宅

地坪面積：149.30㎡
建築面積：116.01㎡
1樓面積：60.18㎡
2樓面積：55.83㎡
建蔽率：41.28%
容積率：77.70%

N宅

地坪面積：150.20㎡
建築面積：93.08㎡
1樓面積：68.24㎡
2樓面積：24.84㎡
建蔽率：48.97%
容積率：61.97%

土地使用分區：第一種中高層住宅專用地區
設計期間：2009年8月～2010年3月
施工期間：2010年4月～2009年10月
施工費用：I宅2,900萬日圓（包含太陽能發電），N宅2,300萬日圓
施工單位：渡邊技建股份有限公司

FINISHES

外部裝修
屋頂：長尺鋼板
外牆：高耐久低汙染型噴漆塗裝
內部裝修

I宅

LDK
地板／松木地板OS塗裝
牆壁／EP塗裝、磁磚、部分水泥收尾
天花板／EP塗裝

盥洗・更衣間
地板／松木地板
牆壁、天花板／EP塗裝

浴室
地板／半套衛浴組合
牆壁、天花板／青森柏木板無塗裝

N宅

LDK
地板／橡木地板塗裝
牆壁／EP塗裝、部分磁磚
天花板／EP塗裝，挑高部分採用龍腦香木板搭配蜜蠟工法

寢室
地板／橡木地板塗裝
牆壁、天花板／EP塗裝

主要設備製造廠商
衛浴設備／TOTO、KAWAJUN、杉田ACE、KAKUDAI
廚房設備／SUN WAVE工業
照明器具／遠藤照明、小泉產業、YAMAGIWA、ODELIC、PANASONIC
其他／Olsberg（蓄熱式耗電暖氣機）

ARCHITECT

設計＝明野悅司＋明野美佐子＋安原正人／
明野設計室一級建築師事務所

上下分離・室內階梯式

生活空間完全分離 以室內樓梯銜接各世代

case 04

東京都・秋山宅
設計＝粕谷淳司＋粕谷奈緒子／KAO
家庭成員＝夫婦＋子女2人＋雙親世代長輩3人
地坪面積：176.50㎡（約53坪）
建築面積：171.22㎡（約52坪）

多世代的室內格局

1 雖是生活空間完全分離的2世代住宅，採用了內部樓梯的設計讓世代間的家人可以輕鬆簡單地互相往來進出。男主人的雙親笑著說：「有孫兒陪伴在身旁的生活既熱鬧又快樂」
2 1樓的紅色框架的門處為兩雙親世代的玄關。2樓則是子女世代的玄關。

使生活更顯得自然 而在距離上發揮的巧思

計劃在都心地區購買土地，並建造出可實現與雙親一起生活住宅的秋山夫婦。希望建造出藉由上下樓層來區隔生活區域且完全分離的2世代型住宅，而向建築師粕谷淳司與粕谷奈緒子提出了住宅設計的請求。

男主人說「以前是分開來住，而且每個家人的生活節奏都不相同，所以我想生活空間還是透過分為上下樓層的方式，較能讓家人的生活更方便」。對於

2樓的LDK。透過通往3樓樓梯間照下來的自然光，使人產生出明亮放鬆的印象。廚房簡潔地往牆際收納起來，在有限的空間當中作活用。

這點，建築師粕谷提案將1樓規劃為雙親世代，2、3樓則為子女世代的生活區域，而各世代用的玄關分別設定，透過室內的樓梯將兩世代連結在一起。粕谷表示「即使玄關部分分離，但透過內部連結、世代間往來進出的便利性卻相當大」。加上透過在2樓加裝門具兼顧互相的隱私，也能使世代間的連結更為緩和。

粕谷如此說明著「從當初在接受設計委託工作時，祖父母疼愛孫子的情境讓我印象很深刻，所以我認為將空間配置成世代間可以輕鬆互相往來進出的方式是最理想的」。為了將上下樓層的生活切割，顧慮到讓2樓所產生的聲音不易影響到1樓，而對2樓的地板採用了水泥作為隔音的對策。

土地長為23公尺寬3公尺的細長型建地，加上四周被鄰宅所包圍的關係，採光通風必須要多下一層工夫。位處1樓的雙親世代區域，透過設置於樓梯挑高處部分半透明的大型窗戶（高採光式），確保隱私且能兼顧白天使自然光線透射到生活的空間裡面。另一方面，2樓則是採用北側的大開口，與通往3樓樓梯的通道來確保光線的充足。營造住宅內明亮緩和的印象。女主人表示「即使將生活空間劃分開來，對於可以輕鬆往來進出的設計真的很滿意。平日男主人回家的時間較晚的關係，晚餐就直接在1樓與父母親一起用餐。由於兩個孩子都還小，長輩能夠陪伴的環境也幫了大忙。」將各個世代享受生活的同時也能互相扶持化為實際的秋山宅，關於2世代住宅的秘訣就存在這當中。

1樓的LDK。配合男主人母親所希望的鄉村風格木製廚房，決定好收納門的素材。簡樸的家具在光線的照射之下，形成了具有柔和印象的空間。

透過一整天陽光的沐浴
而產生出溫柔的陰影及表情

旗竿建地因為與鄰宅緊鄰的關係，雙親世代的生活區域開口則設定在住宅的上方，並且兼具隱私功能以及採光的效果。透過將牆壁以及天花板漆成白色使光線好像圍繞在整體空間一般。

雖然秋山宅沒有庭院，但透過狹長門徑產生的效果，看起來有中庭的感覺。室內外透過各種綠景裝飾呈現出溫柔的氣氛。小細節所下的工夫使得生活更加地豐富。

玄關與生活區塊
分別透過上下樓層劃分
使用室內樓梯進出

男主人秋山的需求

- 將生活區域劃分開來
- 1樓雙親世代、2·3樓子女世代
- 通往個人房的動線會通過LDK
- LDK的一角設計成和室

建築師如此解決！

在都心閑靜住宅區的一角、打算建造二世代住宅而購入土地的秋山夫婦。希望將生活空間透過上下樓層的方式清楚的劃分出來。建築師粕谷以1樓為雙親世代，2、3樓為子女世代的生活區域設置了各自的玄關，並透過住宅內部階梯兼顧了世代間的隱私以及平緩的連結。而在兩世代各自進行生活的情形下，採納了在需要時可以輕鬆地往來進出的設計。子女世代區域有「通往個人房的往來動線一定要通過LDK」期望的關係，在應對該需求上於LDK中央設置挑高的階梯。同時也兼顧了對於採光方面的思考。為了因應女主人對於穿著和服的愛好，在LDK的一角準備了小和室。

在隱私及採光上下工夫

自然光從上面樓層進入。因為周邊的鄰家與建地緊鄰的關係，隱私及採光得多下一層工夫。透過2樓和3樓連接的樓梯，使光線能夠透過樓上照入樓下。

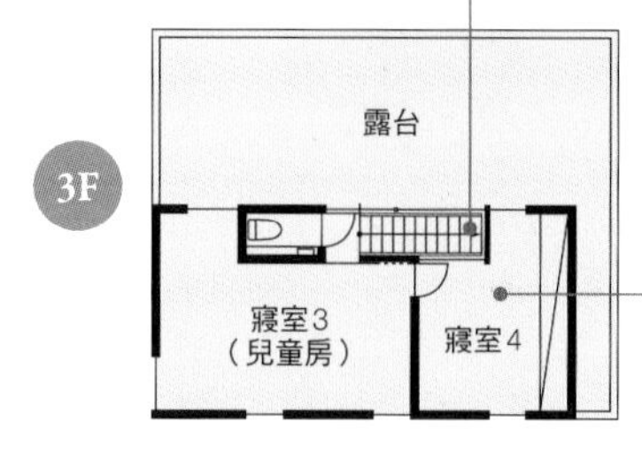

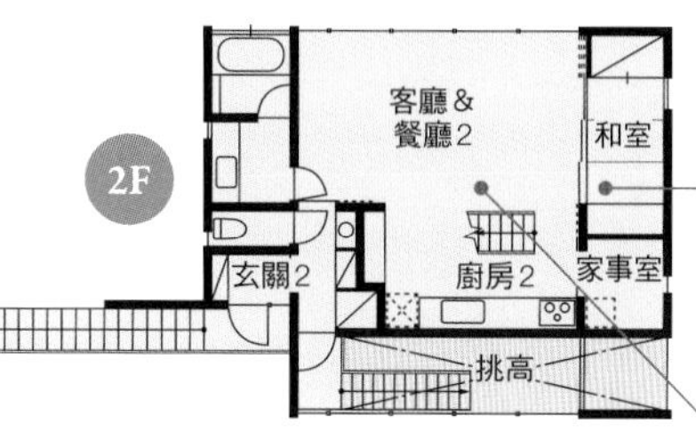

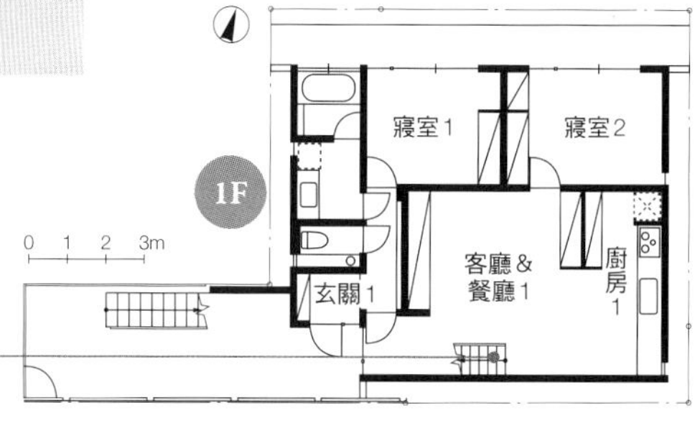

可靈活運用的空間配置

現在因為孩子還小，將預定為兒童房的寢室3作為親子的寢室，寢室4則暫作男主人的書房來使用。不管哪間都只是大約地擺設而已，是可以因應需求來做自由使用的空間。

在生活空間的一角為了享受興趣而設置的空間

為迎合對穿著和服有興趣的女主人的需求，在LDK的一角設置了和室。在有年紀還小的幼兒世代來說，提供換尿布及午睡等功能可說是相當便利。照片左手的儲物間使整體更加完備。

空間完全分割的同時也將世代之間平穩地連結

雖然是將玄關及生活空間完全分離的二世代住宅，但採用了透過內部樓梯可輕易地交流、進出的規劃。對於抱著兩名幼小子女的男主人夫婦來說，有長輩在旁的生活有如巨大的靠山。

以溝通為目標提升家人羈絆的規劃

2樓子女世代的LDK。希望將通往3樓兒童房、個人房等的動線必須經過LDK，而採用了位於LDK中央配置樓梯的規劃。是個使家人間溝通更加流暢的配置。

DATA

所在地　：東京都
家庭成員：夫婦＋子女2人＋雙親
構造規模：鋼結構、地上3樓
地坪面積：176.50㎡
建築面積：171.22㎡
1樓面積：72.46㎡
2樓面積：62.22㎡
3樓地板面積：36.54㎡
土地使用分區：第一種低層住居專用地區
建蔽率：50%
容積率：100%
設計期間：2008年3月～2008年12月
施工期間：2008年12月～2009年7月
施工單位：小川建設

FINISHES

外部裝修
屋頂／隔熱防水貼布
外牆／陶瓷壁板（UB板）
內部裝修
子女世代LDK、寢室3（兒童房），寢室4
地板／橡木實木地板
牆壁、天花板／石膏板上覆蓋黑膠壁紙
雙親世代LDK、寢室1、寢室2（雙親世代寢室）
地板／橡木地板
牆壁、天花板／石膏板上覆蓋黑膠壁紙
子女世代盥洗室
地板／水曲柳實木地板
牆壁／合板上覆蓋黑膠壁紙
天花板／石膏板上覆蓋黑膠壁紙
雙親世代盥洗室
地板／橡木實木地板
牆壁／合板上覆蓋黑膠壁紙
天花板／石膏板上覆蓋黑膠壁紙
子女世代玄關、雙親世代玄關
地板／磁器質磁磚
牆壁、天花板／石膏板上覆蓋黑膠壁紙
主要設備製造廠商
廚房設備／CLEAN UP、PANASONIC電工
衛浴設備／TOTO、INAX、ADVAN
照明器具／PANASONIC電工、遠藤照明、DN LIGHTING、YAMAGIWA

ARCHITECTS

設計＝粕谷淳司＋粕谷奈緒子／KAO

8個祕訣

要蓋出可供多世代一起生活的家
在規劃時會有優先考慮到的地方
為了瞭解讓多世代生活更加舒適的秘訣而向
設計CASE 02的建築師村田淳
設計CASE 04的建築師粕谷淳司及粕谷奈緒子請教。

構成・文章／松林HIROMI

CASE 02所介紹的O宅，將為了3個世代都可以享受溝通交流樂趣而設計的LDK配置得更寬鬆且兼具開放性。

村田淳
兼顧室外的連結以及室內機能性的配置，蓋出更舒適的住宅。
秘訣1～4的解說

Hint 1 考慮到生活噪音層面的問題來減輕生活壓力

由於雙親世代與子女世代在生活作息時間上常常交錯的原因，減輕透過生活噪音產生的壓力是很重要的。以共同使用衛浴及客廳為例，就不宜將雙親世代用的寢室配置於鄰接的地方。建議將排水管及空調室外機的設置在遠離寢室的地方。透過考慮到生活噪音層面，實現了生活不會互相影響的舒適生活。

Hint 2 透過共有的空間享受大家族的生活

以大家族生活的多世代住宅來說，應把著眼點置於將客廳設計更寬廣，這類能夠充實世代間共有空間的做法。例如家人間共同在屋頂或中庭體驗四季景色的變化，或者是透過家庭菜園來共同培植蔬菜之類的家庭樂趣。在這樣的前提之下加上擁有各自的專用場所會使生活更加舒適。像是盥洗室及廁所容易在使用時間上衝突的設施，在住宅整體規劃上應設置不止一套會更加便利。

由於以前分居的關係盡量不打擾父親的生活節奏，在O宅則設置了獨立性高的父親專用房間。

Hint 3 適度的距離感是使生活更加舒適的秘訣

思考要讓多世代住宅的生活更加長遠舒適，可能的話將住宅出入口的玄關部分分別獨立設置，就可以讓家人間過著不用互相顧忌的進出入生活。即使玄關個別設置的情形下透過內部能夠往來的設計，家人間就可以得到適度的距離感。考慮到雙親世代未來生活的變化，將寢室盡量靠近衛浴間等在事前就應該準備好的配置也是相當重要。

Hint 4 重視雙親世代與屋外的連結

因雙親世代家人退休後，在住宅中活動的時間變長的案例較多的關係，推薦讓每個房間在配置上都可以興賞庭院或綠景。可以感受一天的變化以及四季的推移，像這樣與屋外景觀連結的設計很不錯。子女世代家人住在上段樓層的情況，由於接地性較薄弱的關係，在追求與屋外景觀的連結之外，考慮透過家具的陳設來重視生活的氣氛也是一種使生活舒適的作法。

打造多世代住宅

粕谷淳司＋
粕谷奈緒子
確實抓住住民的希望及建地的特徵等重點，提出讓空間住起來更舒適的方案。將解說秘訣5～8。

Hint 5 顧慮生活節奏而產生的設計

相較於雙親世代生活節奏的規律，子女世代家人的規律生活則會隨著孩子的成長而改變，所以世代間沒有辦法用相同的模式生活。所以就以不讓雙方感到壓迫為方針來做房間的配置吧。透過各別的玄關等將生活空間劃分，先在隔音效能上面下功夫等等的地方做起。

Hint 6 配合生活的方式變得更加舒適

因應雙親世代家人的年齡，考慮到所持物品較多，加上已經建立的生活方式。參考一直以來所居住過的地方，在輕鬆簡便的地方規畫出完整收納的方式。另一方面，子女世代家族中隨著出生及子女的成長，會慢慢改變為獨立的生活型態。因應這方面再增加兒童房的空間，以及在其中配置對應的家具等等，彈性的做法會使生活起來更容易一些。

在CASE 04當中介紹的秋山宅，玄關與生活空間以上下樓層區分的方式隔開，重視各世代的生活節奏。

Hint 7 重視各個世代生活中的採光與通風

如日照，通風這類「使家庭更舒適的基本要素」以不分世代需求來設計。而在住宅密集的地區，確保1樓生活隱私很重要的關係，所以在設計開口部得多費點心思。另外在日照比較難以進入的低樓層，透過加裝高窗或者挑高等等的設計讓自然光更容易進來會比較好。最好能注目在像是頂樓的屋頂施以隔熱工程來防止溫度上升等，以居住環境為考量的設計上面。

被鄰家住宅緊迫包圍的秋山宅。為了保障隱私與採光，採取在住宅上部做開口的設計。

Hint 8 自然感受到的生活動態讓人很舒服

即使雙親世代的長輩沒有監視的想法，子女世代家人會對長輩視線感到在意的例子並不少見。因此這方面，在多世代住宅配置設計當中顧慮到各世代家人之間的隱私，又可以自然地感受家人的生活動態，就能使生活更加自在。即使在寢室完全分離的狀況下，創造出可以互相確認情形的空間，諸如此類能夠將家族間的個人隱私做彈性變化的配置會比較好。

適合家人的多世代住宅的種類

多世代住宅透過空間共有上的差異，主要分為下列六個種類
玄關越少以及共有空間的部分越多表示獨立性較低

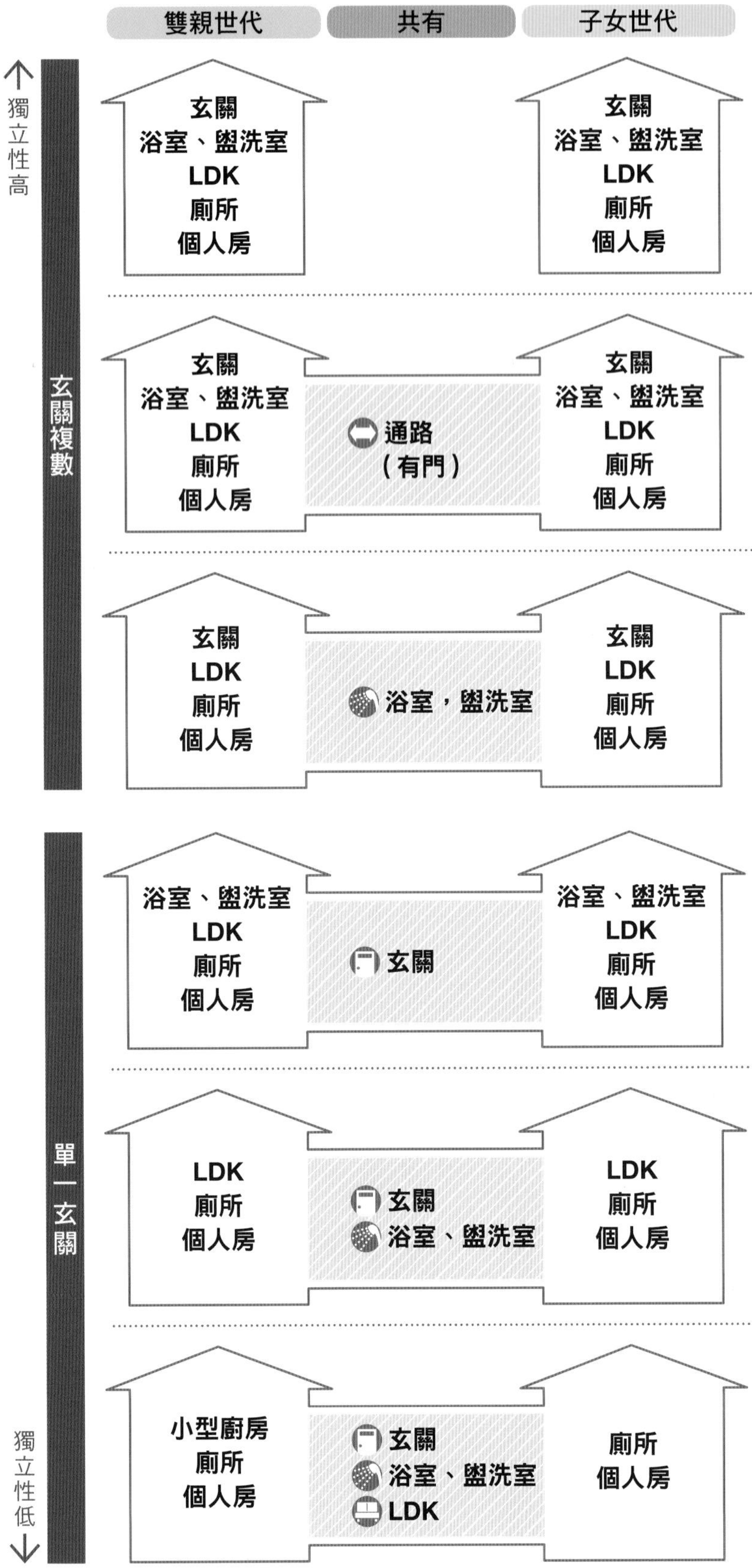

雙親世代 | 共有 | 子女世代

↑獨立性高

玄關複數

雙親世代	共有	子女世代
玄關 浴室、盥洗室 LDK 廁所 個人房		玄關 浴室、盥洗室 LDK 廁所 個人房

完全分離類型

雖然只有一個屋頂但是左右完全劃分開來，家人間「鄰居」的感覺提升。因為內部完全分離所以推薦於喜歡獨立生活的世代。雖然對於建地的寬廣較為要求，因為獨立性高的關係，將來也可以作為出租使用。

雙親世代	共有	子女世代
玄關 浴室、盥洗室 LDK 廁所 個人房	通路（有門）	玄關 浴室、盥洗室 LDK 廁所 個人房

分離類型

玄關、浴室、盥洗室、LDK、廁所等幾乎都是分開設置的高獨立性配置。世代間的交流透過有門的走廊等方式解決。如果沒有考慮到門的位置以及門鎖的有無，會有對精神上產生負擔的影響。

雙親世代	共有	子女世代
玄關 LDK 廁所 個人房	浴室，盥洗室	玄關 LDK 廁所 個人房

浴室盥洗室共有類型

因為各自設立玄關的關係，以外觀來說看起來獨立性較高，是透過共用衛浴間使日常生活交流也變得較容易的類型。經由共用衛浴設備也能減低在建築費用的開銷。

單一玄關

雙親世代	共有	子女世代
浴室、盥洗室 LDK 廁所 個人房	玄關	浴室、盥洗室 LDK 廁所 個人房

玄關共有類型

因為只有玄關共有的關係，以外觀來說雖然看起來為一棟住宅，但在內部卻是各世代生活獨立性較高的類型。較適合生活圈不同，也不用顧忌到對方生活的世代。

雙親世代	共有	子女世代
LDK 廁所 個人房	玄關 浴室、盥洗室	LDK 廁所 個人房

玄關、浴室、盥洗室共有類型

因為共用衛浴間的關係在入浴的時間上必須有錯開的必要，再抑制建築花費的情況下同時擁有可以進行自然交流的優點。LDK、個人房、廁所個別設置的關係，所以日常生活的獨立性較高。

雙親世代	共有	子女世代
小型廚房 廁所 個人房	玄關 浴室、盥洗室 LDK	廁所 個人房

共同生活類型

家族共有玄關、浴室、盥洗室、LDK等主要的生活空間，有可以考慮到長輩高齡化的優點。考慮到家人間的生活作息時間不一致，透過在個人房設置迷你廚房，各世代的家人也可以用自己的步調度過忙碌的早晨或是休假。

獨立性低↓

透過房間別觀察

空間配置的煩惱 19種解決方法

蓋出一個理想的家有包含了各式各樣的需求。
但是加上了家庭成員、生活方式、建地環境等各種條件
蓋出能迎合需求的家變得困難是常見的事情。
透過建築師的實際住宅建築的範例
在當中找找看是否有能夠解決煩惱的秘訣。

Living room

Kitchen

Private room

Other places

構成・文章／松林ひろみ
攝影／多田昌弘（Q04、Q14）、
齋藤正臣（Q07）、
黑住直臣（其他全部）
建築師的連絡方式請參照P166-167

Living room

家人聚集的客廳是在一個家當中對舒適度最要求的場所。在不被建地條件及面積左右的情況下打造出可以感受得到明亮又寬廣的空間吧。

Q 01 即使在狹小的土地，也能打造出讓人放鬆的空間嗎？

A 透過樓層重疊使其更寬廣

東京都・M宅
設計＝森 清敏＋川村奈津子／MDS

在約25坪左右的小型建地當中，追求生活空間寬闊的M宅。在地板下以及天花板上做點巧思，選用了多層次構成的設計。例如1樓天花板與2樓地板之間，刻意設計一個高低差70公分的小空間，而將這個凹陷的小空間設計成客廳。70公分的落差在凹進去的地方剛好適合擺上電視。加上像沙發等有份量的家具使它剛好填滿凹陷下去的空間後，就可以兼具減少壓迫感以及降低阻礙視線的功能，感受到比實體面積更寬闊的感覺，成為一個能使人放鬆的空間。

1『凹陷』的客廳。透過將類似沙發這類有份量的家具安置在比地板高度還低的地方，使空間顯得更加寬闊。 2 往露台望過去的視線給人放鬆的印象。

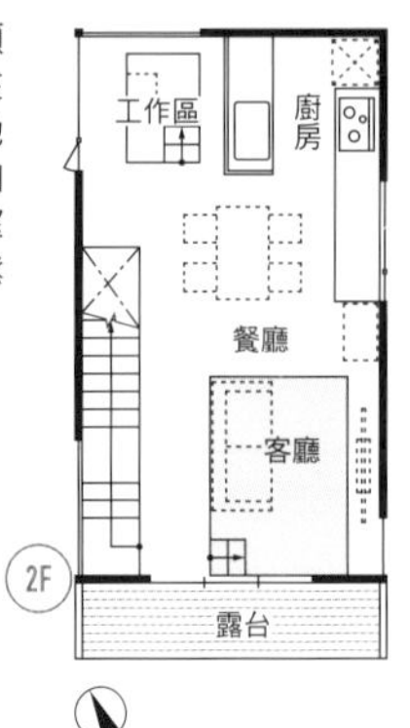

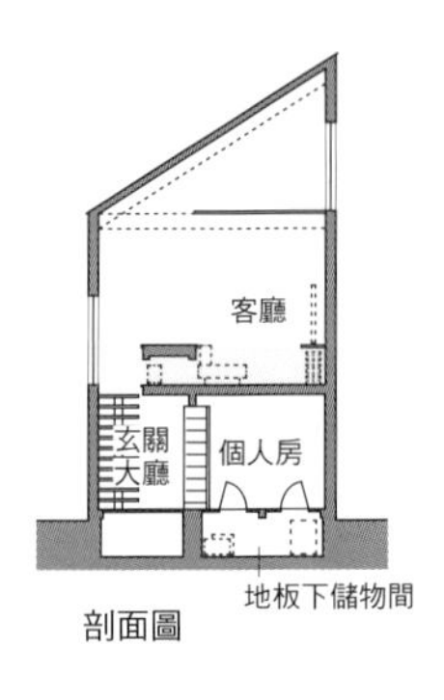

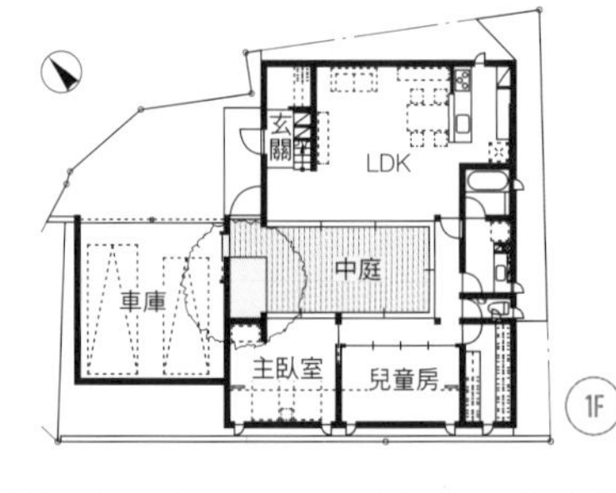

1 從餐廳經過中庭往兒童房及寢室眺望過去的景象 2 不用在意周圍環境視線的客廳。把門窗全部打開後使室內外的阻隔消失，感受更寬廣。

Q 02 即使不拉上窗簾，也可以過著不用在意陌生人視線的生活嗎？

A 透過圍繞庭院式住宅將視線遮蔽

神奈川縣・S宅
設計＝杉浦英一／杉浦英一建築設計事務所

S宅建地南側有一座立體停車場。想要在這樣的環境下能夠不拉上窗簾自在地生活，而採用了將中庭環繞的圍繞式住宅。將客廳及餐廳、廚房設計於日照良好的北側，而南側個人房與東側衛浴空間加上西側的車庫，同時將中庭包圍起來，遮蔽了從外面進來的視線。在設有露天平台的中庭，換言之就是「沒有屋頂的房間」。透過將室內的門具開放，與中庭成為一體，開放感也相當出色。

Q 03 想要過著能感受家人動態的生活可以創造出這樣的家嗎？

A 透過錯層設計將視線連結起來

東京都・T宅
設計＝飯塚豐／i＋i設計事務所

想要過著能夠感受到家人間的動態，並同時擁有許多舒適場所的男主人T先生。希望蓋出錯開一半的樓層，和以挑高階梯的位置為中心連結在一起的錯層式住宅。在兩層樓的住宅內設置六種地板高度，是以多樣化高度的天花板搭配各種高度的地板，使小型住宅空間多變化的設計。2樓從客廳到餐廳及廚房是設置於樓層以上位置的立體單獨空間，能透過不同高度的地板將空間緩和地畫分開來。

1 客廳的窗戶設計在離地板高約45公分的位置，使坐在地板上的時候，讓背部可以有倚靠的地方。 2 即使在玄關土間的地方也能感受到上面樓層的動態。 3 從客廳往半層樓高的餐廳及廚房眺望的景象。

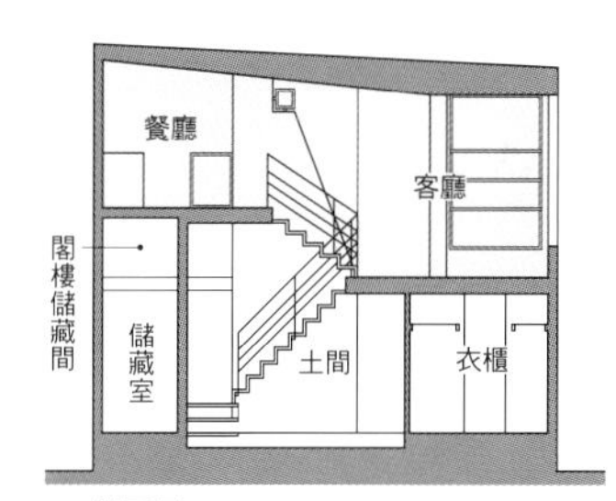

剖面圖

Q 04 在狹小且有高度限制的土地也能設計出寬廣的客廳嗎？

A 抑制低樓層天花板高度讓LDK變得更寬闊

東京都・M宅
設計＝佐藤宏尚／佐藤宏尚建築設計事務所

位於東京都心人氣區域中的閑靜住宅街的角落。即使在這樣受惠的環境之下，M宅的建地卻只有約20坪大小，而且還是個有限制高度的土地。因此將1樓2樓的天花板高度抑制在2.1公尺，就能使3樓保有3.6公尺天花板高的空間，足夠營造出寬廣的LDK區域。在給人放鬆印象的客廳當中，牆壁設置抱石板，使快樂的要素包含在裡面。另外活用天花板高度在廚房上部閣樓的設置，創造出一個房間空間。

1 擁有挑高的客廳。透過截取鄰地公園的風景，取得豐富的視野景觀。牆壁上的抱石板是男主人親手製作的。 2 廚房的上面是閣樓。

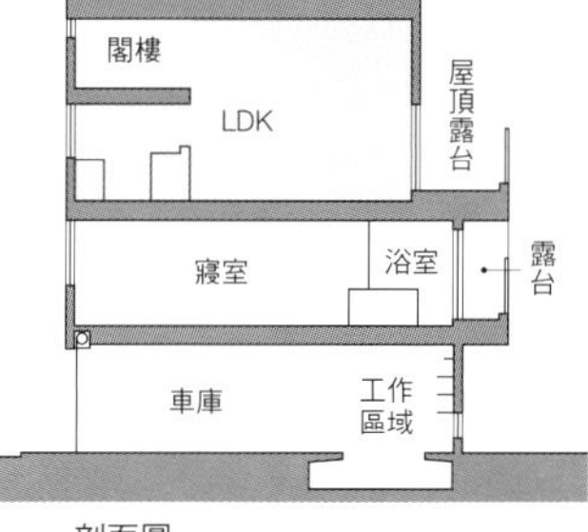

剖面圖

開放式LDK現在相當有人氣，廚房的安置方式也千差萬別。
與生活型態配合並確立收納以及動線的計劃，
規劃成兼具機能與美，能夠享受烹飪的環境吧！

1 加裝美國松木隔板的廚房 2 從廚房經由樓梯間挑高的地方可以看得到兒童房 3 明亮的樓梯間跟有拉門連結的兒童房

Q 05 希望將LDK設在1樓並且能兼顧與2樓連結。

A 使廚房鄰接樓梯 感受2樓的生活動態

東京都・T宅
設計＝竹內 巖／HAL ARCHITECTS一級建築師事務所

考慮到在住宅中想要悠悠哉哉，過著育兒生活的男主人T先生。要求能將1樓的LDK區域與2樓的兒童房有所連結，所以透過位於中央樓梯間的設置，將上下兩個樓層連結在一起。因為樓梯間就在廚房側邊的關係，所以能夠一邊烹飪一邊注意兒童房的動態。加上樓梯間裝上頂部燈以及挑高空間，使得光線具有可以抵達1樓全部區域的功用。將廚房設置於LDK區域的中央可以確保迴游動線的順暢，整體變得緊湊又兼具機能性。

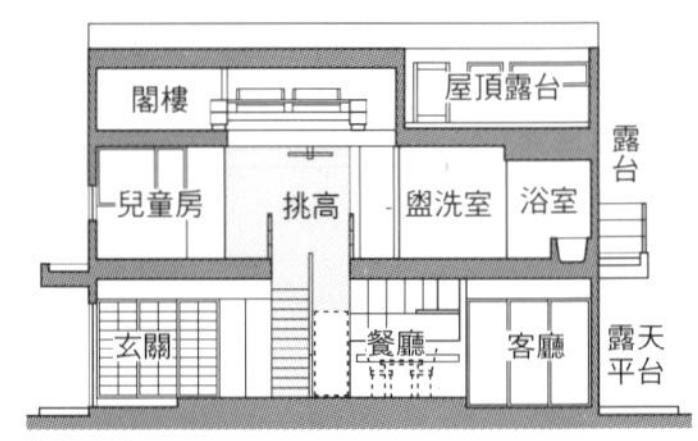

剖面圖

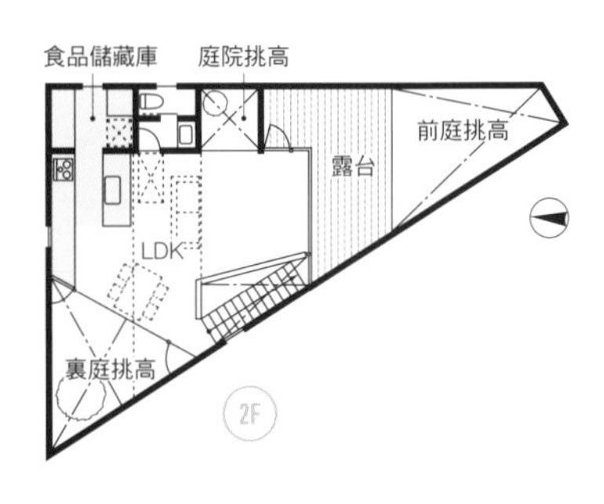

1 開放廚房採用和收納台相同相同的材質，使整體與室內裝飾看起來更加搭配。 2 透過素材與顏色的嚴選後，變得清爽又與環境一體化的LDK區域

Q 06 即使在開放式的廚房也能使生活感減少的秘訣

A 備齊相同的素材 設置食品儲藏庫

神奈川縣・U宅
設計＝山縣 洋／山縣洋建築設計事務所

在單一房間下的LDK，想要讓廚房一直保持清爽乾淨的狀態。使用開放式廚房的U宅，採用了與靠牆邊收納台相同材質的調理台。家具般的外觀設計與室內裝飾更加地協調。然後剛買的食材、日用品及調理家電等物品，往食品儲藏庫收納。透過將繁雜的廚房用品隱藏起來，讓開放性的廚房更顯得乾淨簡潔。

Q07 可以擁有能一邊烹飪同時享受對話及用餐樂趣的廚房嗎？

A 與餐廳一體化 對面的地方設置和室風格餐廳

神奈川縣・山崎宅
設計＝根來宏典／根來宏典建築研究所

將廚房與餐桌一體化的山崎宅。將廚房轉化為可以在烹調食物時也能享受對話樂趣的空間。這個設計將調理、上菜、用餐合為一體，相當地便利。廚房的對面是和室風格的餐廳。不管是在上面坐著用餐或是躺著放鬆等等使用方式都沒問題。由於是開放廚房的關係，背後有設置大容量的壁面收納櫃。餐具以及食品等物品都能簡潔地收藏起來。

2

1

兼顧餐桌功能的廚房，從烹調食物到上菜的動線簡短而便利。不管是面對面喝茶或是並坐用餐，都可以按照自己的喜好進行。

Q08 能與家人享受對話樂趣的廚房重點是？

A 以廚房為中心迴游動線的設計

東京都・E宅
設計＝莊司 毅／莊司毅建築設計室

在常常舉辦家庭派對的E宅裡面，在中央空間設置長約3公尺的流理台，並打造迴游動線。因為作業空間寬闊的關係，即使多人包圍流理台也能讓作業的進行很流暢。將流理台及餐桌的高度統一，這樣不管結合或分開做使用都沒問題。考慮到事後整理，透過長約5公尺的壁面收藏櫃及茶水間的設置，也能讓收拾工作更便利。而在餐廳的內側設置了能提供長輩做家事、同時小孩可以做功課以及玩耍的家庭用客廳。

2

1

3

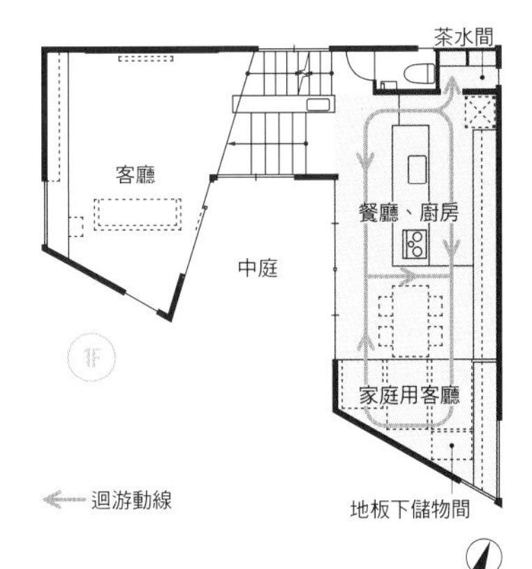

1 透過壁面收藏櫃及被窗簾遮住的茶水間的收納，使得廚房保持整齊清潔。 **2** 餐廳的內側設有小型和室風格的家庭客廳。 **3** 可以以流理台為中心做路線迴游。

提供將來房間用途或配置的變更
透過將空間做有效的活用，
讓個人房的可能性有超乎想像的發展

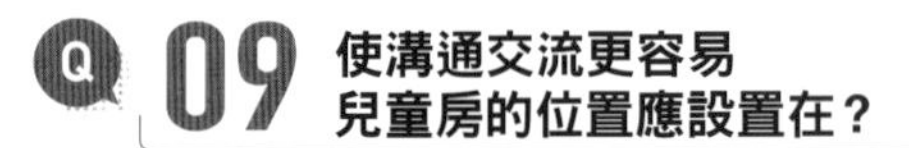

Q 09 使溝通交流更容易 兒童房的位置應設置在？

A LDK的角落 畫分出來做活用

神奈川縣・石川宅
設計＝廣部剛司／廣部剛司建築研究所

在孩子還小的時期，並不常使用獨立設置的兒童房。即使如此，如果在家庭公共空間的附近能有一個提供孩子遊玩的空間，不僅讓家長視線所及感到更安心之外，與孩子的互動也更輕鬆。石川宅中，透過在LDK的角落設置備用房間來作為兒童房利用。採用拉門將空間畫分成可開放及關閉的房間。將來則是能當作嗜好房或者是客廳的延伸等充滿靈活度的設計。

1 被大屋頂衝擊性地覆蓋的LDK空間。拉門的裡面是兒童房。2 與LDK區隔而採用拉門的兒童房。打開的時候可作為LDK空間的延伸，關閉時也能提高獨立性。

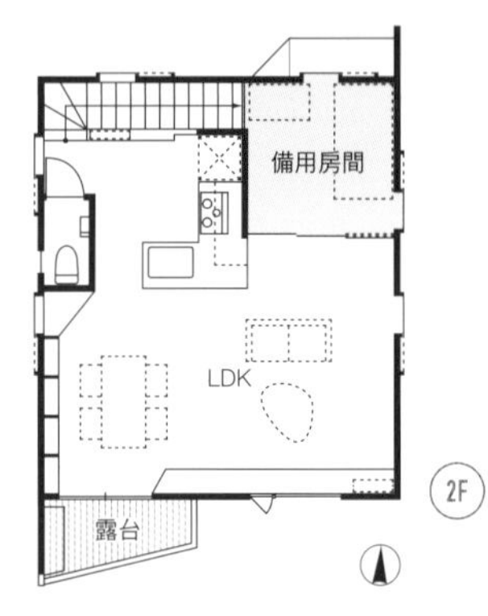

1 位處2樓的兒童房，設置了專用的盥洗室及廁所。2 思考靈活運用的方式，透過家具的布置來畫分出不同需求之下的各種空間。

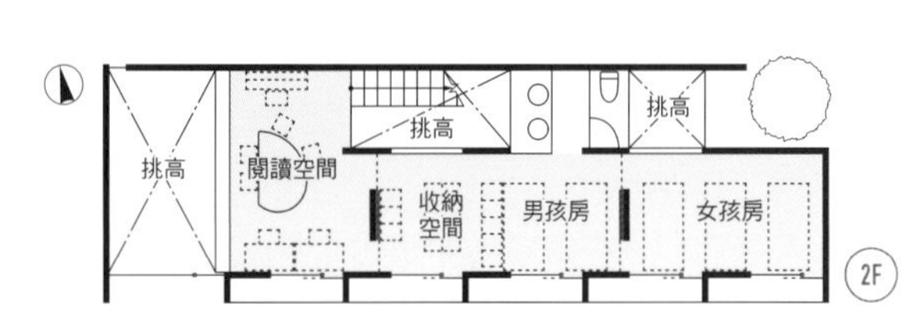

Q 10 能夠配合孩子的成長 讓兒童房做變化嗎？

A 透過牆壁的增設 來做靈活的變化

東京都・A宅
設計＝庄司 寛／庄司寛建築設計事務所

有五位子女的A宅，將2樓全部設計成小孩的空間。雖然現在透過室內家具的布置將男孩女孩空間粗略地畫分開來，將來如果有規劃成個人房間必要的時候，透過增設分隔牆壁，在設計上能夠使包含學習空間在內的空間分割成五間個人房。因此設計了五個相同形狀的窗戶。預期未來可能的情況，並且配合子女成長的靈活運用是創造兒童房的一項祕訣。

1 約3坪大小的空間，透過閣樓上下咬合的型式創造了兩間分開的兒童房 2 錯層設計，透過樓梯間的空間以及天花板高度的活用，設計出一個閣樓空間。

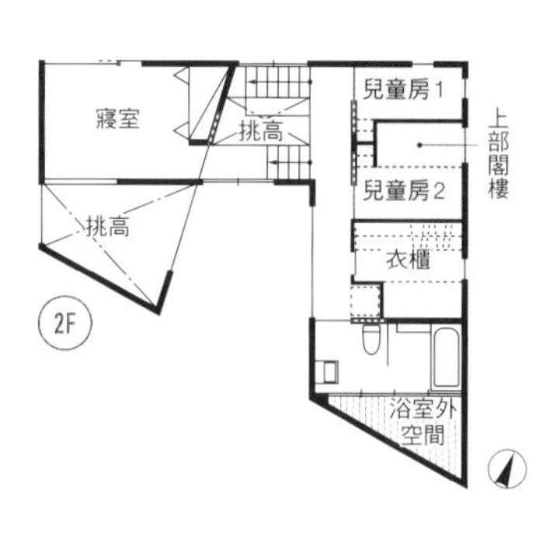

Q 11 想要在狹窄的地方擁有個人房間，該怎麼做呢？

A 將空間做立體性活用

東京都・E宅
設計＝莊司 毅／莊司建築設計室

在E宅當中，採用與樓梯間與居室互相錯層的設計。兒童房配置於降低半樓層的2樓。透過錯層的設計使天花板高度能達到3公尺，創造出閣樓約六坪大的空間。而閣樓上下咬合的型態將空間畫分為兩間個人房。透過不浪費並且以立體化做最大的活用，即使在狹小的面積也可以確保擁有兩間個人房。

Q 12 能否設計出兼具優良睡眠品質以及富有機能性的寢室？

A 理容便利的輔助空間

東京都・O宅
設計＝柏木 學＋柏木穗波／ Kashiwagi Sui Associates

因為寢室是不想被視線所注目的空間，衣物飾品常常散亂分布。在寢室設置了特別訂製並且能夠收納飾品的收納櫃，不管何時都是保持在整潔的狀態。加上透過化妝區及衣櫃等輔助空間在寢室旁待命，使得著裝變得更加流暢。寢室窗戶朝著面對被牆壁圍繞的中庭開放，除了沒有被路人窺視的疑慮也可以使早上起床更加地清爽。

1 徹底守護個人隱私的寢室 2 寢室角落的化妝區域。能夠洗手的梳妝台是女主人的創意，便利地將剛使用完化妝品或護髮產品後的雙手清洗乾淨。

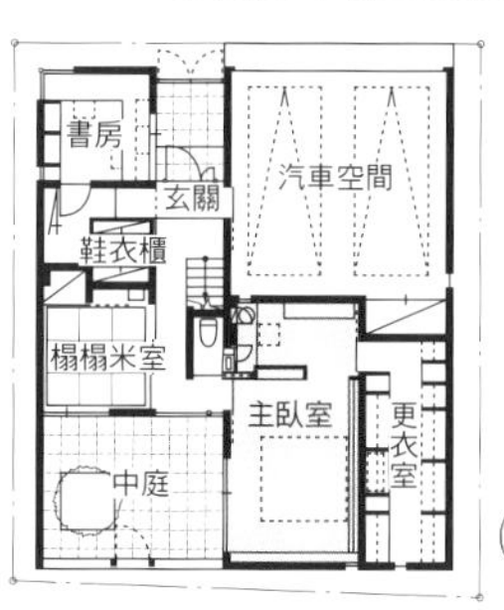

Q 13 在狹小土地，也能有效率地使用的空間配置嗎？

A 使房間的用途不被限定

東京都・E宅
設計＝若松 均／若松均建築設計事務所

建地坪數13坪餘的E宅，追求在有限的空間做有效地使用。在這方面，與玄關緊鄰的榻榻米寢室，在白天透過打開門窗和玄關門廳融為一體化，作為接待訪客的空間。因為1樓的地板與玄關土間之間的高度有些許差距的關係，從室外到內部仍保有相當的距離感，使人十分安心。透過與鄰接空間的功能性共有，衍生出許多不同的使用方式，實現了不浪費任何空間的空間配置。

1 從寢室往玄關門廳望去的景象。右手數階段連接玄關的土間。墨色的裝飾櫃是特別訂做的鞋櫃。2 榻榻米間的寢室在白天做為接待客人的房間使用。

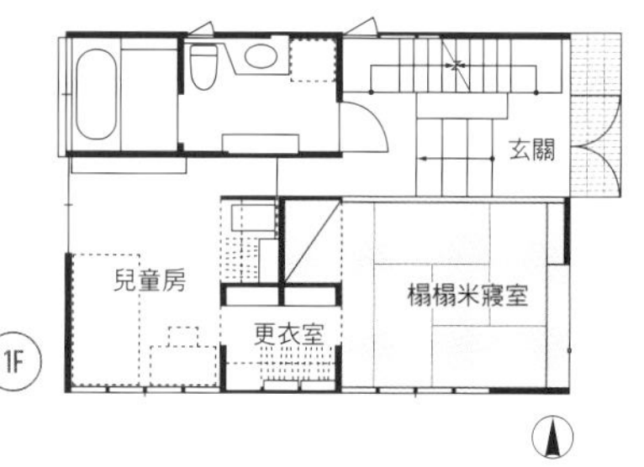

Other places

透過用水周邊及玄關、收納區等與生活型態搭配的計劃
會大大地左右住宅居住起來的舒適程度。
邊考慮動線邊思考將該如何將舒適度提升的計劃吧。

1 盥洗室透過照片左手邊的門與寢室直接連結。 **2** 設置人造石浴槽的浴室。木質的天花板以及窗框搭配玻璃馬賽克磁磚等多樣素材，打造出來的療癒系空間，有著抓住光線及綠景的柔和印象。

Q 14 使用起來簡單舒適浴室的重點在哪？

A 導入綠景 並與寢室位置連結

東京都 A邸
設計＝井上洋介／井上洋介建築研究所

A宅以地下樓層作為私人空間，配置了寢室與用水區。透過浴室與露台連續搭配綠色景觀的導入，成為放鬆的空間。由人造石打造出來的浴槽與洗臉台，以直線型的設計以及柔和的素材感，產生高品質的印象。盥洗室不經過走廊而直接與寢室連結。將剛睡醒時以及睡醒後梳理的場所相鄰在一起，使其動線有如旅館一般便利。

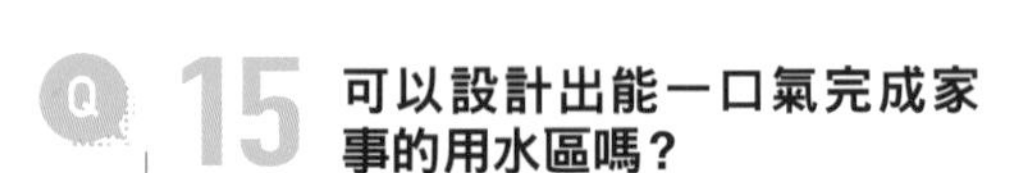

Q 15 可以設計出能一口氣完成家事的用水區嗎？

A 透過迴游規劃 使家事動線縮短

東京都・O宅
設計＝設計＝柏木 學＋柏木穗波／
Kashiwagi Sui Associates

烹飪及洗衣等等的家事，希望能盡量以簡單且便利的方式解決。在考慮到空間配置時，規劃出有效率的家事動線，將會影響到生活的舒適度。在O宅當中，盥洗室、浴室、露台及廚房，透過來回動線連結使在家事當中能縮短移動距離並兼顧機能性。透過設定好的動線，讓每天的家事變得輕鬆無壓力。

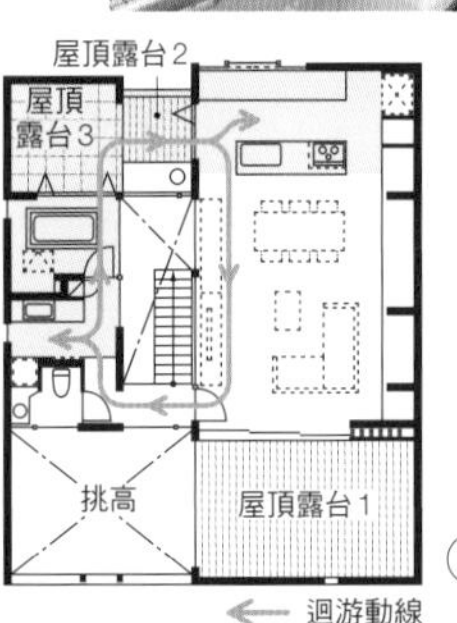

1 廚房採用中島式設計確保烹飪中的迴游動線。**2** 浴室與曬衣服的露台連結。可以從露台的地方往廚房移動。

Q 16 能使整棟住宅沐浴在陽光之下嗎？

A 在玄關門廳 設置透光玻璃

東京都・A宅
設計＝庄司 寬／庄司寬建築設計事務所

擁有地下一層地上兩層的A宅，將玄關門廳挑高並以高採光的設計來確保室內的明亮度。高採光設計的玻璃上，貼著有阻隔紫外線的效果UV遮蔽膠紙。而玄關門廳的地板則採用強化玻璃，使柔和的自然光能夠從上層傳導進來。為了讓地下樓層的光線不被階梯遮擋到，採用懸空式的鐵片骨骼型階梯。

1 地下門廳往上看的景象。光線通過1樓的強化玻璃地板照射進來。**2** 挑高的玄關門廳與階梯採用玻璃及簡單的設計讓光線能傳到地下的樓層。

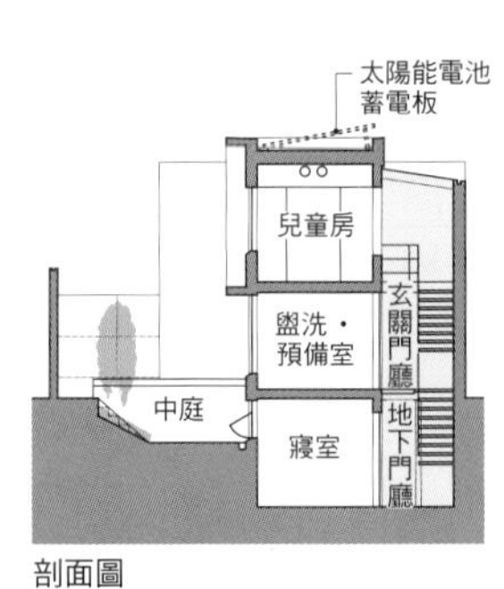

剖面圖

1 連接玄關土間和寢室的衣櫥將家族的衣物收納完整。 2 從寢室外望去的景象。透過將可通過式的衣櫥以及用水區域做為通路，使起居室的空間更加寬敞。

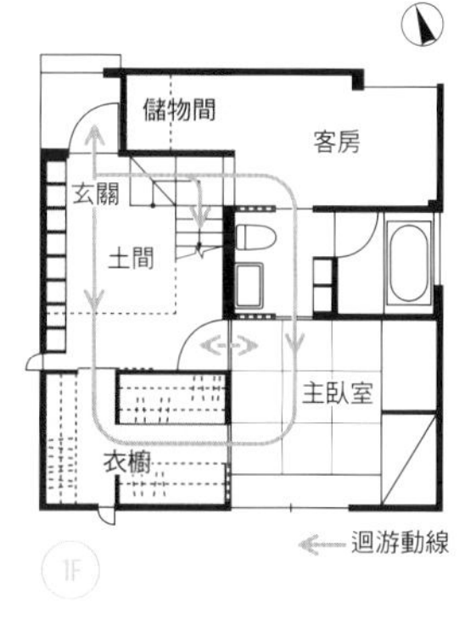

Q17 使用起來很方便的收納重點是什麼呢？

A 讓動線更有彈性多用途設置

東京都・T宅
設計＝飯塚 豐／i＋i設計事務所

住宅地板面積約15坪的T宅，採用讓動線更具有彈性的設計，多了一層巧思使空間的使用上沒有被浪費。從玄關土間到客房、用水區、寢室、衣櫥創造了迴游動線。透過能夠通過的衣櫥從更衣到玄關，使得出門相當便利。捨棄走廊的設計使收納空間以及起居室變得更寬廣。玄關土間的地方擺設高度達到天花板的書櫃，在下面部分則設置了能夠收納鞋類的空間。

Q18 客廳可以一直保持乾淨清爽的秘訣？

A 設置備用的場所將書本及雜貨收納

東京都・F宅
設計＝植本俊介／直本計畫設計

在開放的LDK空間的角落設置了閱讀空間，能將雜亂的物品一口氣整理好的F宅。透過把書房封閉的大膽設計，讓雜亂的物品不會在客廳被看到，使整體更整潔清爽。透過在主要房間設置備用的場所，使環境變得更不容易髒亂，即使客人突然拜訪也可以應對。雖然閱讀空間目前做為男主人的工作室，未來也可以加幾張椅子供子女學習。

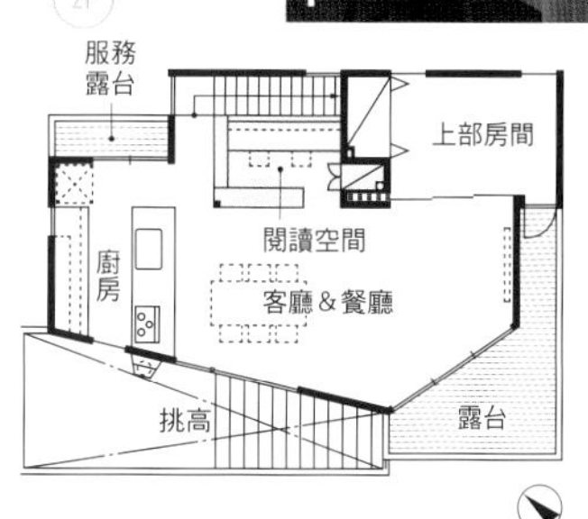

1 閱讀區域是將客廳變得更整潔的備用場所。將常看的書以及雜貨整齊地收納在裡面。 2 開放的LDK空間角落設置了封閉的閱讀區域。

1 在盥洗室清洗好的衣物，在露天平台的曬衣場曬乾。 2 位於1樓為中心位置設置的更衣室設計兩個出入口變得可以自由進出來往。

Q19 能讓洗衣動線更加流暢的空間配置是？

A 以收納區域為中心進行動線規劃

東京都・F宅
設計＝植本俊介／直本計畫設計

對於要兼具工作以及家庭生活的女性來說，使家事效率良好的空間配置是很重要的。在F宅當中，設計了讓洗衣動線更加流暢的計劃。從位於盥洗室的洗衣機開始經由浴室通往露天平台曬衣場一路延伸。乾燥後的衣物從曬衣場通過寢室直達衣櫃進行分類收納。透過以衣櫃為中心的迴游動線設計讓洗衣工作不需要花多餘的心力，使整個洗衣過程更加無壓力。

重新入手 Reform

case 2

變更既有的出入口，蛻變成美觀、現代化的住家

〔獨棟翻修〕

東京都・O宅
設計＝竹內 誠／竹內設計＋山崎裕史／YAMASAKI（山崎）工作室

case 4

改造成多功能用途的LDK，讓家人空間與料理教室並存

〔公寓翻修〕

東京都・山崎宅
設計＝山本陽一＋伊東彌生／山本陽一建築設計事務所

適合家人生活、追求更佳空間設計的房屋翻修。
在這一章節裡將要介紹的是，將目前為止的問題點確實改善與滿足實現翻修的4個實例。

企劃・文章／松林ひろみ（P146-151、158-161）、森 聖加（P152-157、P162-165）
攝影／齊藤正臣（P146-151、158-161）、牛尾幹太（P152-157、P162-165）
建築師的聯絡方式：請見P166-167

[PART 5]

藉由翻修

case 1

變更上下樓層的空間配置誕生出明亮快活的LDK

〔獨棟翻修〕

東京都・Y宅
設計＝原 直樹／
Field Garage（フィールドガレージ）

case 3

變更為開放式空間獲得寬敞與舒適的心情

〔公寓翻修〕

神奈川縣・田淵宅
設計＝小山 光／
Key・Operation
（キー・オペレーショソ）

理想的「室內格局」

屋齡15年・RC鋼筋造獨棟建築

東京都・Y宅
設計＝原 直樹／Field Garage
家庭成員：夫婦＋子女1人
翻修面積：155 m²（約47坪）

變更上下樓層的空間配置 誕生出明亮快活的LDK

新設置在2樓的LDK。拆除2個和室房之間的牆壁，同時也拆除了天花板，變更為充滿開放感的空間。地面採用寬度較大的白樺木作為地板材質。

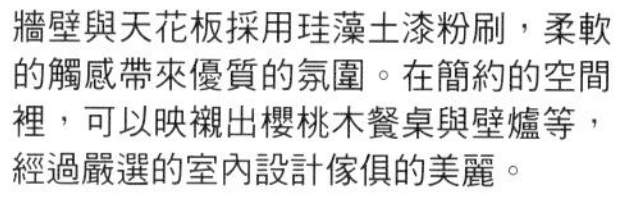

牆壁與天花板採用珪藻土漆粉刷，柔軟的觸感帶來優質的氛圍。在簡約的空間裡，可以映襯出櫻桃木餐桌與壁爐等，經過嚴選的室內設計傢俱的美麗。

Reform Point

Before

- **LDK位於1樓 開放感目前僅有一個**
- **劃分成細小的格局 不適合生活**
- **建材或門板、窗框等等 狀態良好**

After

- **LDK能接收到日照 天花板的高度延伸到2樓**
- **整體延伸的LDK 生活顯得氣派**
- **活用既有建材 省下施工的時間及花費**

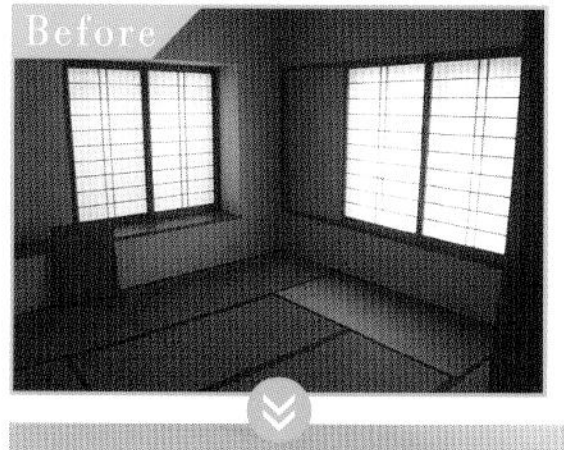

原本的和室改為廚房。由於夫婦倆經常樂於招待朋友前來舉行家庭派對，所以採用面對面式的廚房流理台。考量到水漬與油漬，水槽與瓦斯爐設置在靠牆的位置。

藉由翻修重新入手
理想的「室內格局」

將擁有2間和室房的地點，變更為豁然開朗的LDK。由於開口部保留既有的設計所以並不大，白色的內裝能反射光線營造出明亮的空間。設計簡約的AV視聽收納櫃為原先生的原創作品。

堅持色彩與素材的搭配 享有光線與開放感的ＬＤＫ

案例是尋找親子共同生活的舒適住宅的Y先生夫婦。一開始似乎考慮新建的獨棟建築，因此到建商的住宅展示中心逛了一圈。但是「無論如何也找不到中意的物件，也面臨預算面的問題。因此考量不如選擇購買骨架完整的中古住宅重新整理較好。」男主人不斷地重複說。

之後，找到的物件是屋齡15年的建築物。由於位處市中心，擁有寧靜住宅區的好環境，及實在的RC鋼筋造（水泥鋼筋造）結構。「在逐步整理後，是否可以變更為舒適的住宅呢？」如此的期待著。因此，委託建築師原直樹先生進行物件的調查。在調查內側天花板及檢測外牆的結果後，由於建築物的狀態良好，決定藉由翻修，設置新的空間配置。

原本的1樓為ＬＤＫ，2樓由3個房間構成。將2樓變更為較佳的日照空間、天花板的高度也改變。變更上下樓的空間配置。2樓盡可能的拆除牆壁，設置開放式的明亮ＬＤＫ。牆壁與天花板塗上珪藻土、地板則採用白樺木。內裝統一成白色，由窗戶注入的光線將映照出美麗的室內設計。

與簡單合而為一的ＬＤＫ相互對比的是，融入大量趣味要素的私人空間。位於地下室的書庫不需要採用新式隔音處理，就能當作視聽室。作為家人團聚欣賞電影與音樂的場所。兒童房也以「看似充滿玩心的要素」而設置了吊床，整理成充滿樂趣的環境。

此外，既有的玄關與收納的門扉等等，由於使用上等建材及保有良好的狀態，因此僅僅施以塗裝後再次利用。省下工事的手續以及花費。「在硬體或素材還堪用的物件上施以適當的加工，就能實際地感受到成功翻修的秘訣。也能入手舒適的住宅。」

由天窗注入的光線讓整個2樓擁有明亮空間。運用珪藻土與白樺木的室內設計也反映出美麗的自然光，孕育出柔和的氣氛。

柔和的質感與優美的色彩
畫面為充滿光線的白色箱子

在結構上，將無法移除的樑柱作為藝術空間來活用。上面的裝飾為男主人的母親，身為和紙藝術家的伊部京子女士的作品。

藉由翻修重新入手理想的「室內格局」

1 將玄關門與收納空間等既有的素材再次利用。「若將素材或保存良好的物品，做簡單的修改塗裝後保留利用，就能省下施工的時間以及節省花費。」原先生說。 **2** 樓梯的部分也塗裝成白色，讓整體空間確保明亮的印象。

2

1

有效利用既有的開口部
將質感提升的用水區

浴室與洗手間的位置不變，基本的設備也不變更，達到施工費用的削減。但是藉由變更素材與設計，讓美觀與機能性兩者並存，實現嶄新的衛浴設備。

Reform Plan

將LDK移往2樓 打造成開放式 獲得光線與開放感

物件的1樓是LDK、2樓為3個房間、書庫在地下室，為一屋齡15年的獨棟建築。乍看之下建物的狀態良好，建地周圍的環境也相當好。Y先生夫婦以翻修為前提，向建築師原先生提出現狀調查的委託，之後買入這個物件。由於採光條件良好、天花板高度能夠挑高，將LDK移往2樓。將2個和室間的牆壁拆除的同時，也挑高了天花板，新設置成為開放式的LDK。廚房保留在相同位置上移一個樓層，並保留位在寢室衣櫥後方牆壁的內部配管，以削減工程費用。私人空間變更為樓下，日照佳的1樓南側設置兒童房，地下室則設置影音室與書房。

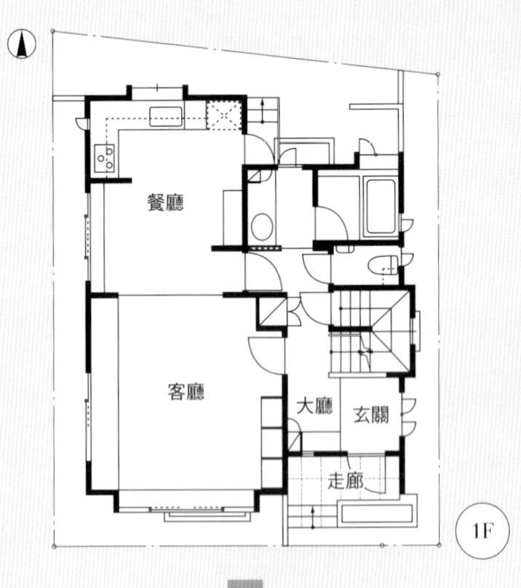

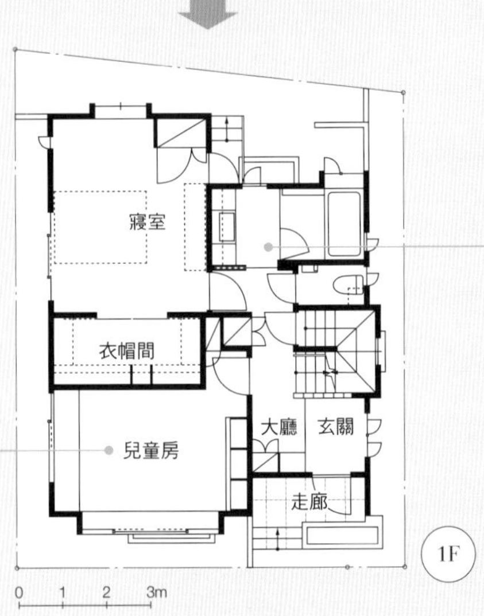

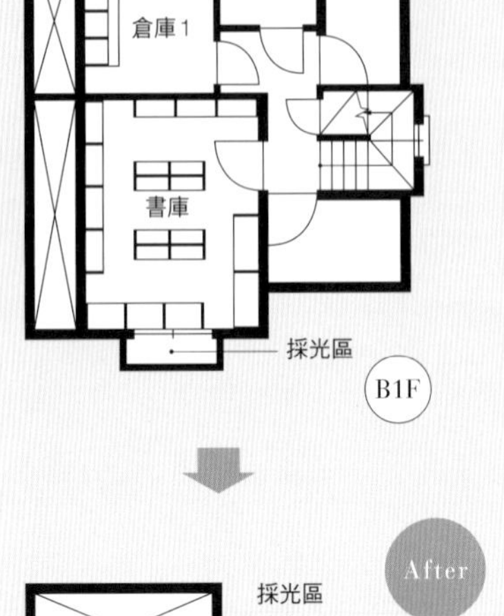

書房小卻充實
成為能夠集中精神
的環境

地下室的一部分設置為主人使用的書房。職業為廣告代理商的男主人，在自家也會進行工作。在小空間裡更能夠集中精神的工作。

將無需隔音的地下空間
當做視聽室運用

將過去作為書庫使用的空間，變更為家人欣賞電影或音樂的視聽室。由於位處地下室，不需要隔音工程。書櫃也是將既有的家具再利用。

藉由翻修重新入手
理想的「室內格局」

DATA

所在地：目黑區
家庭成員：夫婦＋子女1人
構造規模：RC鋼筋造、地下1樓＋地上2樓
屋齡：15年
翻修面積：155 m²
建築面積：155 m²
設計期間：2008年6月～2008年10月
施工期間：2008年10月～2009年1月
施工單位：SOU
翻修工事費：約1,300日圓

FINISHES

內部裝修

LDK、寢室／
地板：白樺木
牆壁・天花板：珪藻土粉刷
和室／
地板：榻榻米
牆壁・天花板：和紙
兒童房／
地板：木製地板
牆壁・天花板：塑膠壁紙
浴室・盥洗室／
地板・牆壁：磁磚
天花板：油漆
視聽室、書房／
地板：軟木地板
牆壁・天花板：油漆

主要設備製造廠商

廚房設備：HARMAN、Panasonic
衛浴設備：KAKUDAI、TOTO、GROHE、KAWAJUN
照明器具：Panasonic、DAIKO

ARCHITECT

原 直樹／Field Garage

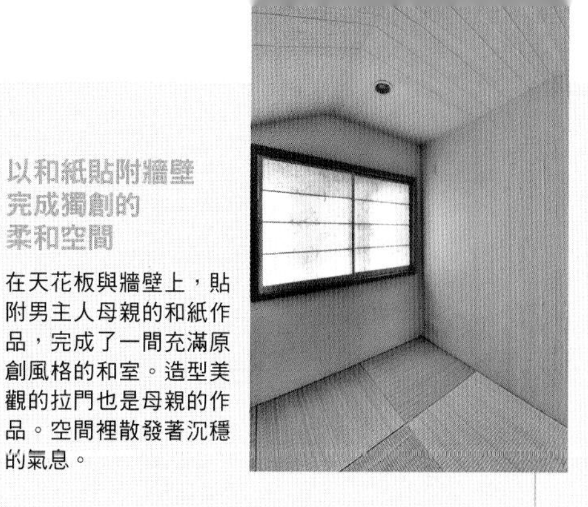

以和紙貼附牆壁完成獨創的柔和空間

在天花板與牆壁上，貼附男主人母親的和紙作品，完成了一間充滿原創風格的和室。造型美觀的拉門也是母親的作品。空間裡散發著沉穩的氣息。

露台
和室2
儲藏室
大廳
和室1
西式房
露台
2F

露台
廚房
儲藏室
餐廳
大廳
客廳
和室
露台
2F

面對面式的廚房一邊料理也能一邊享受對話的樂趣

為了享受家庭派對般的樂趣，設置了面對面式的廚房。另外還搭配流理台的寬度打造了一張餐桌。利用之前留下來的凸窗打造成為流理台，下方為收納空間。

透過簡單的設計打造悠閒生活的LDK

Y先生對住宅要求的印象是，由質感良好的素材構成的白色盒子。因此嚴選素材與顏色的LDK就此而成形。也因為挑高超過4m的天花板，讓空間的開放感大為提升。

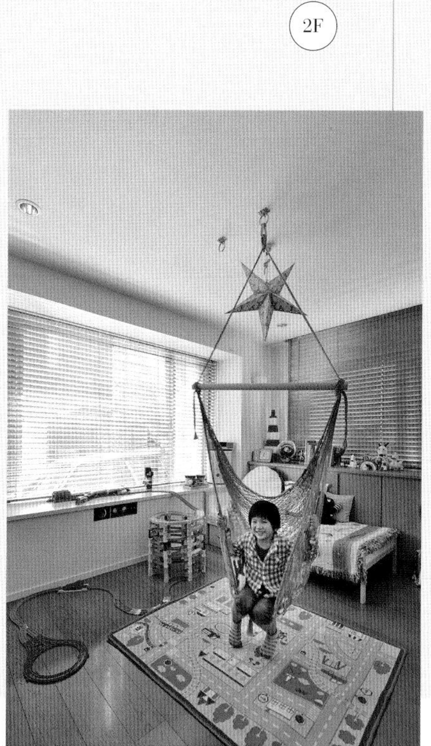

利用既有的素材打造充滿趣味又明亮的兒童房

過去為客廳的房間，由於日照明亮所以變更為兒童房。「想要填滿童趣般的要素」因此設置了吊床。木製地板與收納空間保留既有的狀態。

case 2

屋齡17年・獨棟建築

東京都・O宅

設計＝竹內 誠／竹內設計＋山崎裕史／YAMASAKI（山崎）工作室

家庭成員：夫婦＋孫、兒子夫婦＋子女3人

翻修面積：290.08 m²（約87坪）

變更既有的開口部，蛻變成美觀、現代化的住家

Re form

藉由翻修重新入手理想的「室內格局」

專為主人的收藏製做的收納櫃。能夠一面鑑賞、一面收納，不只面向走廊的門板、位在樓梯間這一側的背板也都是使用玻璃門。藉由這樣的設計，將樓上照下來的光線引導至樓下。

Reform Point

Before

- **過多的開口部、配置，效果不佳，走廊陰暗**
- **過時的設計，不適合現代化的生活**
- **兒子家庭的小孩正在成長，兒童房不夠充足**

After

- **改變既有開口部的位置。運用開口部與挑高設計帶來明亮**
- **去除室內多餘的凹凸，嚴選素材讓空間現代化**
- **將過於寬敞的主臥室改為兒童房。在面積分配上達到更好的平衡**

2樓客餐廳的2扇窗戶，設計地非常一般。這個地方，裝設貫穿2扇窗戶、能兼做隱藏室窗簾盒的牆面，修飾為看起來像一整面窗戶。與原來的寬闊感不同的是，變為衍生出另外的空間感。

從客廳往餐廳的方向看過去。正面的櫃子為訂製。將位於後方包含由重疊的空間、廚房、小物收納櫃到盥洗室為止的凹凸不平的面作個整理，成為一個清爽的空間。

黑與白的磁磚，加上單一色調的鋁質浪板素材，改造出時尚的１樓浴室。原來的凸窗拆除，變更為一般的窗戶。外面打造庭院的空間，提高放鬆度。

夫婦倆對於玄關的寬廣度感到不足。修改的方式為在玄關的正前方設置入口大廳。在打造玄關的寬廣度時，將不要的牆面拆除，考量建築物整體的空間與平衡、改變寬廣度。

Re form

藉由翻修重新入手
理想的「室內格局」

將細分為客餐廳與２間和室的１樓，變更為LDK與１間寢室相連的開放式空間。人字型拼木地板提高了室內的整體設計感。

3樓的LDK。之前是和室、廚房與LD。將和室打掉，移動了廚房。原來的主臥室作為兒童房，新設置在LDK的側邊。聚碳酸酯採光板隔起來的一室為寢室。

各自展現不同世代的個性
自然・現代的室內設計

將光線導入 既長又陰暗的走廊 更能活用於其他用途

3層樓的鋼骨建築，改造2世代同住的住宅。1、2樓住著夫婦與孫子，3樓住著兒子一家五口共同生活。「在最終的住處裡，與計畫好搭建別墅的建築師學習了空間打造的多樣化。緊接著就產生變更自宅設計的想法」O先生說。

屋齡17年的建築是當地建築公司的建物。夫婦倆為求更現代化、更為時尚的空間設計，果斷的決定整修。為了與兒子一家同住、陪伴孫子成長，因此考慮給予各自的生活空間。這次委託同樣是別墅的設計者─竹內誠先生為自宅修繕。與山崎裕史先生共同合作進行修繕計畫。「說到要將光線引入既長又陰暗的走廊，最有效的方式就是改變既有的開口部作為修改的主題」竹內先生與山崎先生說。

O宅是屬於東西向細長型的建築物，各個世代的生活重心皆在2、3樓中央的長走廊裡走動。樓層的四面皆有開口部，雖然數量十分充足，但各方光線卻無法到達走廊。嘗試整修建築物中央的玄關及樓梯間，不只在成本面上並非適當的考量，對於聯繫東西兩處的起居室而言，長廊也有著不得不存在的必要。

修改的方式為，在樓梯間上部設置新的開口部、3樓與樓下設置上下連接的天井。在3樓面向天井的地方設為放置PC的空間，在2樓則打造了主人放置收集品的雙面玻璃櫥櫃，從樓梯間將光線帶入走廊。

在開口部方面，將原在2樓客廳面向南側設置貫穿2扇窗戶，變更為看起來像一整面細長的窗戶。藉由設計的整理、同時強調橫向線條的結果，讓室內在視覺上產生出寬廣的感覺。整修後由於來訪的客人變多，窗戶前面的長板凳使用率也變高了。由於材質跟非洲紅木組裝的地板相稱，上等的質感成為了一個舒適的場所。

修改前的走廊相當陰暗，單純只是房間與房間之間相連接的場所。在樓梯間設置新的開口部來採光，將PC電腦桌面向天井側設置。成為煥然一新的家族聚會場所。

2 1

去除室內的凹凸設置 成為清爽的空間配置

1 LD與廚房鄰接，有著約1.5坪的迷你榻榻米空間。榻榻米下方設置了收納的空間。 **2** 雖然半獨立的廚房型態不需改變，但將出入口變更到LD的正中央。兼作收納功能的廚房流理台則與樓梯間的收納櫃連接。

Reform Plan

在既長又陰暗的走廊裡有效地將光線帶入

變更既長又陰暗的走廊與沒有效果的既有開口部，是這次修改的主題。O宅的東西呈細長型，玄關與樓梯間位於建築物的中央，2樓、3樓採取起居室位於兩端的空間配置。長長的走廊則位於起居室的中央。因此，在樓梯間的上方設置開口部、接著拆除樓板設置天井。在3樓面向天井處設置了以玻璃隔間的PC室，在2樓則設置了由玻璃材質的門板與背板打造的收納櫃、由上方將光線導入走廊。第二項課題則是既有開口部的處理。特別是在2樓的LDK打造了貫穿2扇窗戶、能兼做隱藏室窗簾盒的牆面，完成二面窗戶看起來像一整面的樣子。藉由設計整修成為煥然一新的時尚空間。

藉由翻修重新入手理想的「室內格局」

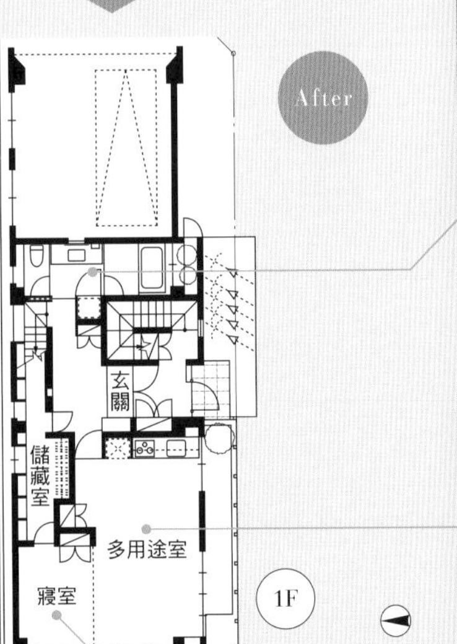

使用硬質的素材 完成帶有時尚感的 盥洗室＆浴室

牆面與地面貼上磁磚，天花板則採用鋁質浪板。因為使用硬質的素材，完成了如同豪華飯店的浴室一般，既奢華又時尚的空間。

2 1

1樓為LDK 與寢室連接的 開放式空間

1 1樓的多用途室，原來是作為家人生活空間的場所。因此將廚房納入與客廳、寢室連接，成為一體的開放式空間。 **2** 在客廳與寢室之間設置羅馬簾。因應不同需求也能區隔開來空間。

新設置的開口部與天井將光線導入走廊與樓下

1 將3樓原來的盥洗更衣室的地板拆除，打造出一個天井。光線由樓梯間上方牆壁處設置的開口部導入樓下。 **2** 在3樓面向天井的場所設有一放置PC的空間。原本陰暗、最終只能當做通道機能的走廊變得明亮，成為家族聚集的場所。

選擇既有開口部的要與不要作有效的配置

2樓的盥洗室。在既有開口部前裝上鏡子，硬是將它隱藏起來。1樓的盥洗室也採取同樣的方式處理。為了更有效提高採光與通風的效果，因此檢討開口部的配置與數量的削減。

將大大的主臥室分隔為2處設置兒童房

約8.5坪的主臥室分隔為2個空間，打造出兒童房。兩個房間的分隔處，設有上鋪・下鋪分屬於各個房間的床鋪。床鋪的牆面設有一扇可聊天用的小窗戶。

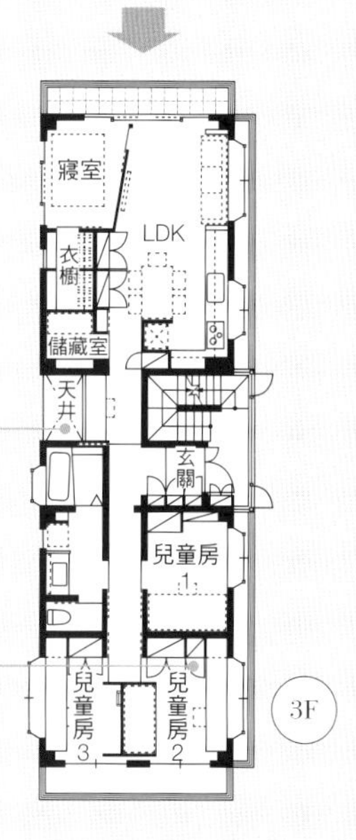

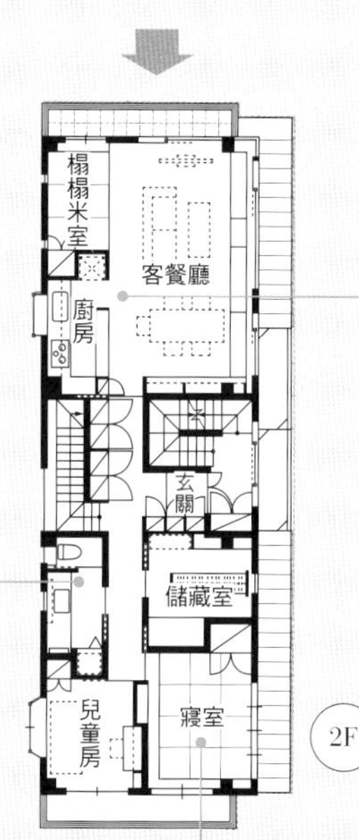

DATA

所在地：東京都
家庭成員：夫婦＋孫子、兒子夫婦＋子女3人
構造規模：RC鋼筋造、地上3層樓
屋齡：17年
翻修面積：290.08m²
建築面積：290.08m²
設計期間：2008年5月～2009年3月
施工期間：2009年4月～2009年8月
施工單位：岡建工事

FINISHES

內部裝修

1樓玄關
地板／磁磚
牆壁・天花板／塗裝
1樓盥洗・更衣室
地板・牆壁／磁磚
天花板／鋁質金屬浪板
2樓LDK
地板／非洲紅木地板
牆壁・天花板／塗裝
2樓寢室（和室）
地板／榻榻米
牆壁／珪藻土
天花板／橡木合板
3樓兒童房
地板／山毛櫸地板
牆壁・天花板／壁紙

主要設備製造廠商

廚房設備／Panasonic、HARMAN與其他
衛浴設備／TOTO、ADVAN與其他
照明器具／山田照明、Panasonic、NIPPO、YAMAGIWA、Louis poulsen與其它
其他備品／ENE FARM（1、2樓）、DAIKIN ECOKYUTO（大金ECO熱水器，3樓）

ARCHITECT

竹內誠／竹內設計＋山崎裕史／YAMASAKI（山崎）工作室

使用自然素材增加寧靜感的2樓和室

鋪上琉球榻榻米的和室是太太的寢室。牆面採用珪藻土，變更為兼具寧靜又時尚的空間。將壁櫥變更為衣櫥，比起修改前變得更寬廣。

case 3

屋齡21年・公寓

神奈川縣・田淵宅

設計＝小山光／KEY OPERATION

家庭成員＝夫婦

翻修面積：70.04 m²（約21坪）

變更為開放式空間 獲得寬敞與舒適的心情

Re form

藉由翻修重新入手理想的「室內格局」

Reform Point

Before

- 房屋被劃分地過於細小，雖然是3LDK但空間感覺狹窄
- 被孤立的廚房，無法享受家庭派對的樂趣
- 玄關狹窄、收納空間少，不適合日常生活

After

- 採用開放式空間，悠然自得地生活
- 修改為半開放式廚房，享受調理與用餐的樂趣
- 首次嘗試在土間收納，充實出入場所的收納空間

修改前的客廳開口部只有一個，打造成開放式空間後由於開口部增加，可以感受到更加地明亮與寬廣。色彩柔和的綠色牆壁是因為太太希望「想漆上抹茶的顏色」而採用。

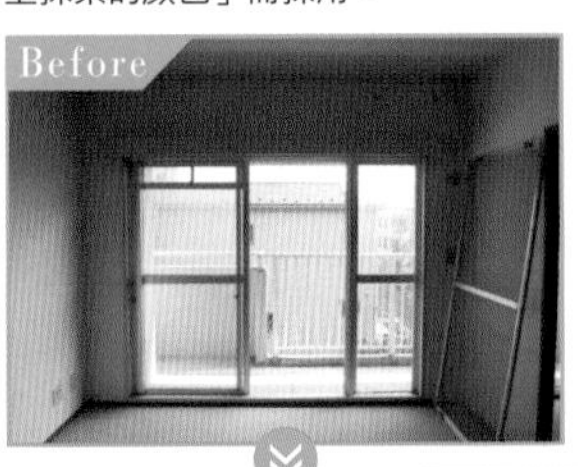

將空間延續為一個整體 以高度的變化設定起居場所

正在尋找新居的田淵夫婦，考慮新建的獨棟建築或公寓。由於雙方都在工作，需距離市中心近且通勤方便的場所。考量預算方面的問題，因此也將中古公寓翻修納入候補的選擇。在這情況下尋找，選擇了一間原本是社會福利住宅，整棟翻修之後分售的公寓樣品屋。

將隔間的牆壁去除，變更為開放式的LDK。為了確保廚房的排水管路，將地板稍微墊高。簡單的室內設計，也是空間容易感到寬敞的要素之一。

除了將採開放式、讓空間使用更為寬廣的喜好納入計畫內，由建築師小山光先生提出的自由規劃翻修觀點「想要打造喜好的空間」的想法，對夫婦倆來說非常理想。

「雖然之前住的公寓也是3LDK，但因為覺得狹小、感覺上沒有個別空間。此外，因為喜歡邀請客人前來，希望能夠有一個開放式的廚房。」夫婦倆如此回答。接受如此期望的小山先生，除了用水區外、畫出設計圖將整體空間一室化。由玄關開始到LDK、寢室為止，一整個延續。在其中有日式暖爐風的用餐空間、有明亮寬敞的客廳、兼顧排水將地板墊高的廚房、以及小閣樓的寢室等等，藉由高低差的變化完成的室內設計。在一室建築裡，打造出舒暢的起居場所。

要打造開放式的空間，必要的條件是充足的收納。廚房與餐廳的牆面收納、日式暖爐風的餐桌下方收納、閣樓寢室的下方則打造了土間收納等等，在適當的地方設置機能豐富的收納場所，讓生活的空間更加地乾淨清爽。

由於讓空間延續了，所以周圍光線十分充足，實現了明亮又開放的住宅環境。「一住下來真的感覺心情舒暢，已經令人愛不釋手了」如此說的太太，裝飾上喜歡的設計小物，將復甦的嶄新空間裝飾地更有魅力。選擇了房屋翻修，夫婦倆似乎也掌握了豐富的生活。

以前是半獨立式的廚房，將它打通與餐廳連接成為一整體。「因為廚房位於空間的正中央、所以能夠環視整體，在料理的時候也能一面享受對話的樂趣。舉辦家庭式的派對時氣氛也更熱鬧」太太說。

變更為開放式空間，能夠得到原本3LDK的空間配置所無法獲得的開放感與明亮。半開放式的廚房，考量到隱藏手邊的視線而將吧台升高。

打造各式各樣的高度
製造舒暢的起居場所

將過去劃分為3LDK的房子變更為開放式空間。從正面看起來是收納櫃。一整個連續空間的中央所設置的空間，能夠作和緩的區隔。右手邊往玄關的方向，左手邊則是延續著閣樓寢室與土間收納。

1 黑色木箱的中間是用水區。由於壁面塗裝成黑板，也可以當做購物清單等等的書寫空間。由於置入了鐵板，也可以使用磁鐵。 **2** 玄關的板凳可以作為穿拖鞋子的場所或置物空間。玄關與閣樓寢室下方的土間收納相連。

Reform Plan

沒有隔間的開放式空間規劃生活更餘裕

將原為社會住宅的3LDK公寓完全翻修。希望能有感覺寬敞的空間配置、以及開放式的廚房。因此將用水區以外的隔間全部去除，變更為一整體的空間。開放式空間當中有日式暖爐風的餐桌、地板墊高的廚房、寬敞的客廳以及閣樓寢室等等，藉由高低差的變化打造出舒暢的起居空間。除了開放式的空間之外，收納力也跟著提升。LDK的牆面收納、餐桌下方的收納以及寢室下方土間的收納等等，依合適的場所妥善地設置。

在有限的面積當中得到開放感

從玄關往LDK方向眺望。「雖然既有的玄關狹小，但讓空間一整個延續就能感覺起來寬敞」小山先生說。左手邊是用水區，右手邊的上方是寢室。

左手邊黑板塗裝的牆壁

開放式的規劃享受明亮與寬敞的生活空間

簡單規劃享受自然氛圍的LDK。「在寬敞明亮的空間生活，每天真的都會感覺心情舒暢呢。打從心裡滿意這樣的空間規劃」夫婦倆說。

Before

After

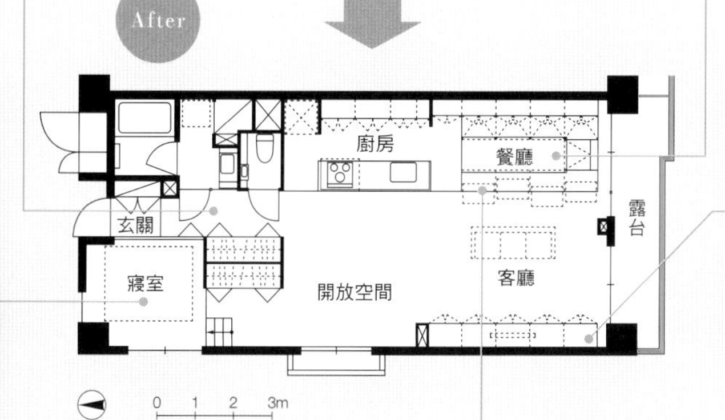

規劃成2層將空間作有效的利用

寢室位於挑高的樓板，下方是土間收納區。男主人的衝浪板與電風扇等等，將大型物品收納在與玄關相連的土間收納區，物品的取放也容易。

打造機能性的收納不論何時都能舒適的生活

打造的AV收納櫃依照男主人「希望能夠簡單的完成配線作業」的期望，採用滑軌式的工法施作。豐富的收納力，收拾起來簡單、機能性相當好。

將機能收納設置在出入的場所生活地整齊又清爽

在開放式的空間住宅裡，生活舒適的重點之一就是設置適合各個場所的機能性收納。在田淵宅裡除了牆面的收納之外，在餐廳的座位也設置了大量的收納區，讓空間保有整齊清爽的樣子。

DATA

所在地：神奈川縣
家庭成員：夫婦
構造規模：RC鋼筋造、地上5層樓
屋齡：21年
翻修面積：70.04m²
建築面積：77.28m²
設計期間：2010年8月～2010年11月
施工期間：2010年11月～2011年2月
施工單位：ARCHITECTURAL DIRECTIONS
監造：ReBITA

FINISHES

內部裝修

LDK・玄關
地板：針葉樹合板
牆壁：AEP塗裝、部分黑板塗裝（噴漆）
天花板：EP塗裝

寢室
地板：針葉樹合板
牆壁：AEP塗裝
天花板：EP塗裝

盥洗室
地板：防水塑膠地板
牆壁：AEP塗裝、部分SOP塗裝
天花板：AEP塗裝

主要設備製造廠商

廚房設備／Panasonic、IKEA與其他
衛浴設備／INAX
照明器具／Panasonic、MAXRAY、IDEE

ARCHITECT

小山光／KEY OPERATION

case 4

屋齡39年・公寓

東京都・山崎宅
設計＝山本陽一＋伊東彌生／山本陽一建築設計事務所
家庭成員＝夫婦＋子女1人
翻修面積：63.90 m^2（約19坪）

改造成多功能用途的LDK 讓家人空間與料理教室並存

白天是料理教室，夜晚則是能家人團聚活用的大空間LDK

在看過100間以上的物件，檢討之後決定購入位於東京市中心、屋齡39年的中古公寓。在這裡，山崎先生一家人將實現男主人溫暖的理想空間，以及女主人希望能適合在自家開設料理教室，因而進行房屋的翻修。

修改前的空間配置為，中間夾著走廊、位於北邊並列著和室與洋室，南邊則是獨立式的廚房與客餐廳，走廊的盡頭則是盥洗室與浴室。「基本上若是住家的配置，會選擇比較拘泥的形式。若是要作為料理教室，因為來客數較多，整修後就必須區分為私人與公共的空間」山崎先生說。

在實現料理教室的同時，男主人也希望能打造一個屬於自身的書房。室內的設計一面以簡單風為基礎、一面則細心的注重選擇的素材。此外也導入地板暖房與調光器。不只看得見的部分，還要打造舒適的室內空間。

經過比較3位的設計之後，選擇委託建築師山本陽一先生與伊東彌生先生。包含費用的部份，能夠確實實現山崎先生的要求，是決定的主要因素。「將廚房等一部分設備當做委託人的工程款，當中省下來的經費就能取得平衡」山本先生說。

修改後的主要空間配置，無論如何還是LDK。伊東先生說「為了在有限可能的情況下打造大空間，必須將既有的浴室及更衣室的機能集中，這些部分用來增加廚房空間」如此的說明。將廚房變更為開放式貼壁型，最多可以容納3名學生與太太一同作業，確保完全足夠的空間。

白天為料理教室、晚上作為家人團聚場所的多功能LDK，除了廚房以外的地板皆鋪上地毯。在沙發床風格的客廳導入地板暖房，冬天也非常舒適。其他方面，將既有的和室轉為書房運用，將收納棚架與書桌一體化、設置了壁面收納櫃。確實地打造了一個提供個人享受樂趣的「城堡」。

計畫在理想與費用間達到平衡的住宅。接下來山崎先生一面動手、一面朝著完成理想去邁進。

Reform Point

Before

- **獨立式的廚房過於封閉，不適合家庭生活**
- **雖然喜歡招待客人，卻仍然想保有私人空間**
- **因為建築已經年累月，室內設計老舊**

After

- **打造開放式廚房，與LD成為一體化的大空間**
- **中間夾著走廊，左右兩邊劃分為公共與私人空間**
- **仔細地選擇素材，以簡單風格實現明亮的室內設計**

Re form

藉由翻修重新入手理想的「室內格局」

料理教室「COOKING ROOM 401」的模樣。基本上是一對一的私人教學課程。以家庭料理為中心，由基本款待到完全符合餐廳菜單風格的菜餚都有教授。上圖的照片是魚料理進階課程的範例（照片：山崎先生提供）

Before

修改前的廚房為封閉型，只有不到0.5坪的空間。面向牆壁的右側約一半處為浴室。修改的方式為往右側將面積擴大，以確保廚房的空間為優先。為了保有LDK視覺上的寬廣，將廚房作業區與機器靠牆設置。

開口部變更為玻璃隔窗，提高隔熱的效果。上下窗變更為一整體，室內的開放感也提升。雖然集合住宅的整修一般會有窗戶修改的限制，但依照管理公約是有變更的可能性。

客廳採沙發床式的風格。牆壁以珪藻土粉刷。採用地板暖房又鋪上地毯，成為一個可以讓人休息喘口氣的溫暖空間。天花板藉由重新粉刷，讓天花板較高的部份更為寬廣，也提升了空間整體的寬廣度。電視櫃則是完工後由山本先生設計製造的原創家具。

藉由翻修重新入手理想的「室內格局」

即使空間迷你，嚴選素材
也能享受高機能、優質的居住環境

玄關的地板採用橡木材的人字型拼木地板。照明採用崁入式。並排的走廊牆壁以珪藻土粉刷。掛上喜好的攝影師作品裝飾，營造藝廊風格的氛圍。

位於住宅北側稍微陰暗的2.25坪和室，變更為明亮的書房。利用牆面，打造書桌與收納一體化的書櫃。收納CD與寫真書等等個人興趣的事物。男主人說，雖然埋首於工作，卻是舒適寬敞、令人放鬆心情的空間。

Reform Plan

一面延伸 既有的空間配置 一面區分 公共與私人空間

山崎宅的整修，是以打造兼具料理教室工作室的LDK為主題。所以課題是實現公共空間與私人空間的公私分離，將打造成大空間的LDK做好住宅內的面積分配。實現公私分離的方式，是將夾著走廊、分配於兩端的起居室做既有空間的活用。相對於公共空間的LDK，也確保私人空間的個人空間。此外，為了實現大空間的LDK，將浴室與更衣室的面積、機能集中整合，產生出來的死角空間能確保廚房變更為修繕前的2倍大面積。

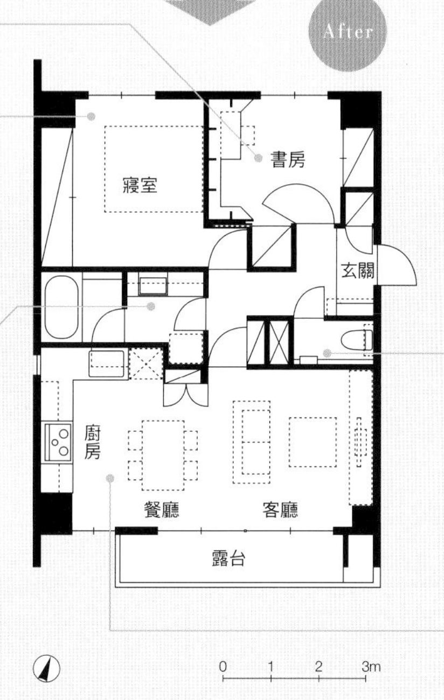

打造最大限度空間的原創收納

將原本鋪上榻榻米的和室變更為現代書房。與書桌融為一體的牆面收納、是由為了收納室內設計與藝術相關藏書的開放式多層櫃、以及附上門板的收納櫃所組成。

北側也相當明亮以白色為基調的寢室

寢室以白色的基調設計變更，不僅消除了陰暗、也讓室內變得更明亮。原來的出入口新設置了盥洗室，所以將壁櫥拆除打造了一扇新門。

機能與空間的取捨即使節省空間也要有適當的盥洗室

雖然以廚房面積為優先考量，但也不是無限制的縮減浴室、盥洗室的空間。原來的走廊就確保充當為盥洗室的空間。桐木材的人字型拼木地板為地板上色，簡單的完成修飾。

素色的橡木材由腳邊打造令人舒適的空間

廁所為了能在玄關設置大型收納櫃，因此移動了入口的位置。取代原有的便器，採用乾淨清爽的無水箱馬桶。素色的橡木材地板，由腳邊演繹出舒適的空間。

貼壁式的L字型讓廚房寬敞完成大空間的LDK

為了確保LD視覺上的寬敞及空間上的利用，採大型的貼壁式廚房。基本的樣式由IKEA購入，再導入專業的高級設備。牆面裝置了大型櫥櫃，具備大容量的收納。只有廚房採用橡木實木合板鋪設地板。

DATA

所在地：東京都
家庭成員：夫婦+ 子女1人
構造規模：RC鋼筋造
屋齡：39年
翻修面積：63.90m²
建築面積：63.90m²
設計期間：2010年4月～2010年5月
施工期間：2010年6月～2010年7月
施工單位：arkoffice
施工費用：約1,000萬日圓

FINISHES

內部裝修

玄關
地板：實木地板 橡木油塗裝 人字型拼木地板
牆壁：珪藻土
天花板：EP塗裝

LDK
地板：鋪地毯一部分橡木地板
牆壁：珪藻土
天花板：EP塗裝

寢室・書房
地板：鋪地毯
牆壁・天花板：塑膠壁紙

盥洗・更衣室
地板：實木地板、桐木油塗裝
牆壁・天花板：塑膠壁紙

主要設備製造廠商
廚房設備／IKEA、Rinna、TOTO、富士工業
衛浴設備／TOTO、T-form
照明器具／UNITY

ARCHITECT

山本陽一＋伊東彌生／山本陽一建築設計事務所

Architects Profile

提供協助之建築師簡介

01

明野岳司＋明野美佐子
明野設計室
一級建築士事務所

神奈川県川崎市麻生区王禅寺西1-14-4
tel：044-952-9559　fax：044-952-9559
ホームページ：http://www16.ocn.ne.jp/~tmb-hp/
Eメール：tmb@juno.ocn.ne.jp
掲載ページ 124

02

安藤和浩＋田野恵利
アンドウ・アトリエ

埼玉県和光市中央2-4-3 405
tel：048-463-9132　fax：048-463-9132
ホームページ：http://www8.ocn.ne.jp/~aaando1/
Eメール：aaando@helen.ocn.ne.jp
掲載ページ 038

03

飯塚 豊
i＋i 設計事務所

東京都新宿区西新宿4-32-4 ハイネスロフティ709
tel：03-6276-7636　fax：03-6276-7637
ホームページ：http://iplusi.exblog.jp/
Eメール：yutakaiizuka2000@yahoo.co.jp
掲載ページ 137、143

04

井上洋介
井上洋介建築研究所

東京都中野区江古田2-20-5 3F
tel：03-5913-3525　fax：03-5913-3526
ホームページ：http://www.yosukeinoue.com
Eメール：usun@gol.com
掲載ページ 142

05

伊礼 智
伊礼智設計室

東京都豊島区目白3-20-24
tel：03-3565-7344　fax：03-3565-7344
ホームページ：http://irei.exblog.jp
Eメール：irei@interlink.or.jp
掲載ページ 078

06

植本俊介
植本計画デザイン
一級建築士事務所

東京都渋谷区千駄ヶ谷5-6-7 トーエイハイツ3G
tel：03-3355-5075　fax：03-3355-9515
ホームページ：http://www.uemot.com
Eメール：admin@uemot.com
掲載ページ 143

07

尾沢俊一＋尾沢敦子
オザワデザイン
一級建築士事務所

神奈川県横浜市西区西戸部町1-19-5
tel：045-325-9712　fax：045-325-9713
ホームページ：http://www.ozawadesign.com
Eメール：info@ozawadesign.com
掲載ページ 050

08

小野喜規
オノ・デザイン建築設計事務所

東京都目黒区自由が丘3-16-8
tel：03-3724-7400　fax：03-3724-7400
ホームページ：http://www.ono-design.jp
Eメール：ono@ono-design.jp
掲載ページ 066

09

柏木 学＋柏木穂波
カシワギ・スイ・アソシエイツ

東京都調布市多摩川3-73-1-301
tel：042-489-1363　fax：042-489-2163
ホームページ：http://www.kashiwagi-sui.jp
Eメール：info@kashiwagi-sui.jp
掲載ページ 006、056

10

粕谷淳司＋粕谷奈緒子
カスヤアーキテクツオフィス

東京都杉並区高円寺北1-15-10 UNWALL001
tel：03-3385-2091　fax：03-3385-2097
ホームページ：http://k-a-o.com
Eメール：bingo@k-a-o.com
掲載ページ 128、142

11

河野有悟
河野有悟建築計画室

東京都台東区東上野6-1-3 東京松屋UNITY1101
tel：03-5948-7320　fax：03-5948-7321
ホームページ：http://www.hugo-arc.com
Eメール：contact@hugo-arc.com
掲載ページ 065

12

小山 光
キー・オペレーション

東京都目黒区鷹番3-19-10 ドアーズ学芸大学4F
tel：03-5724-0061　fax：03-5724-0062
ホームページ：http://www.keyoperation.com/
Eメール：info@keyoperation.com
掲載ページ 158

13

佐藤宏尚
佐藤宏尚建築デザイン事務所

東京都港区三田4-13-18 三田ヒルズ201
tel：03-5443-0595　fax：03-5443-0667
ホームページ：http://www.synapse.co.jp
Eメール：tsutsu@synapse.co.jp
掲載ページ 137

14

荘司 毅
荘司建築設計室

東京都大田区田園調布南18-6 TCRE田園調布南1F
tel：03-6715-2455　fax：03-6715-2456
ホームページ：http://www.t-shoji.net/
Eメール：shoji@t-shoji.net
掲載ページ 066、139、141

15

庄司 寛
庄司寛建築設計事務所

東京都渋谷区道玄坂2-15-1-1316
tel：03-3770-3557　fax：03-3770-3557
ホームページ：http://www.shoji-design.com
Eメール：s-design@yd6.so-net.ne.jp
掲載ページ 072、140、142

16

杉浦英一
杉浦英一建築設計事務所

東京都中央区銀座1-28-16
tel：03-3562-0309　fax：03-3562-0204
ホームページ：http://www.sugiura-arch.co.jp
Eメール：info@sugiura-arch.co.jp
掲載ページ 084、136

17

鈴野浩一＋禿 真哉
トラフ建築設計事務所

東京都品川区小山1-9-2-2F
tel：03-5498-7156　fax：03-5498-6156
ホームページ：http://www.torafu.com
Eメール：torafu@torafu.com
掲載ページ 032

18

竹内 巌
竹内 巌／ハル・アーキテクツ
一級建築士事務所

東京都港区南青山5-6-3 メゾンブランシュII 2A
tel：03-3499-0772　fax：03-3499-0802
ホームページ：http://www.halarchitects.com/
Eメール：takeuchi@halarchitects.com
掲載ページ 138

19

竹内 誠
竹内デザイン一級建築士事務所

東京都新宿区若葉2-2-26
tel：03-3356-7083　fax：03-3356-7084
ホームページ：http://www.takeuchidesign.co.jp
Eメール：takeuchi@takeuchidesign.co.jp
掲載ページ 152

20

直井克敏＋直井徳子
直井建築設計事務所

東京都千代田区外神田5-1-7 五番館4F
tel：03-6806-2421　fax：03-6806-2422
ホームページ：http://www.naoi-a.com
Eメール：kn@naoi-a.com
掲載ページ 069

21

長坂 大
Méga

京都府京都市左京区高野清水町71
tel：075-712-8446　fax：075-712-6489
ホームページ：http://www.mega71.com/
Eメール：mega71@venus.dti.ne.jp
掲載ページ 090